suhrkamp taschenbuch 5286

Aus dem biblischen Auftrag, sich die Erde untertan zu machen, ist düstere Realität geworden: Wir befinden uns mitten in einem Artensterben gigantischen Ausmaßes. Das Klima verändert sich, weil wir das Klima verändern. So tiefgreifend beeinflusst unser Handeln den Planeten, dass Wissenschaftler vom Erdzeitalter des Menschen sprechen, dem Anthropozän.

Elizabeth Kolbert gewährt uns einen Blick auf die Natur der Zukunft. Die Pulitzer-Preisträgerin erzählt von Ingenieuren, die mit aberwitzigen Folgen für das Ökosystem den Verlauf von Flüssen ändern oder ganze Küstenstreifen vor dem ansteigenden Meerwasser schützen. Sie trifft Biologen, die den Teufelsloch-Wüstenkärpfling, den wohl seltensten Fisch der Erde, retten wollen, und sie berichtet von den kühnen Plänen, CO_2 aus der Luft zu saugen oder winzig kleine Diamanten in der Stratosphäre zu verteilen.

Elizabeth Kolbert, geboren 1961, ist Journalistin und Autorin. Sie schrieb unter anderem für *The New York Times*, seit 1999 arbeitet sie für das angesehene Magazin *The New Yorker*. Für ihre Reportageserie *The Climate of Man* erhielt sie 2006 den National Magazine Award in der Kategorie Public Interest. 2015 wurde sie für *Das sechste Sterben – Wie der Mensch Naturgeschichte schreibt* (st 4687) mit dem Pulitzer-Preis in der Kategorie Sachbuch ausgezeichnet.

Elizabeth Kolbert

WIR
KLIMAWANDLER

Wie der Mensch
die Natur der Zukunft erschafft

Aus dem Englischen von
Ulrike Bischoff

Suhrkamp

Die englischsprachige Originalausgabe
erschien 2021 unter dem Titel
Under a White Sky. The Nature of the Future
bei Crown (New York).

Meinen Jungs

Erste Auflage 2022
suhrkamp taschenbuch 5286
© der deutschsprachigen Ausgabe
Suhrkamp Verlag AG, Berlin, 2021
Alle Rechte vorbehalten.
Wir behalten uns auch eine Nutzung des Werks
für Text und Data Mining im Sinne von § 44b UrhG vor.
Umschlagabbildung: ollo/istockphoto.com
Umschlaggestaltung: Brian Barth, Berlin
Druck und Bindung: CPI books GmbH, Leck
Printed in Germany
978-3-518-47286-6

www.suhrkamp.de

WIR
KLIMAWANDLER

Inhalt

Er weiß, daß er mit diesem Hammer keinen Splitter von der Mauer schlagen kann, er will es auch nicht, er streicht nur manchmal leicht mit dem Hammer über die Wände, als könne er mit ihm das Taktzeichen geben, das die große wartende Maschinerie der Rettung in Bewegung setzt. Es wird nicht genauso sein, die Rettung wird einsetzen in ihrer Zeit, unabhängig vom Hammer, aber irgend etwas ist er doch, etwas Handgreifliches, eine Bürgschaft, etwas, was man küssen kann, wie man die Rettung niemals wird küssen können.

Franz Kafka, *Fragmente aus Heften und losen Blättern*

I

FLUSSABWÄRTS

1

Flüsse eignen sich gut als Metapher – vielleicht zu gut. Sie können trüb und bedeutungsschwanger sein wie der Mississippi, der für Mark Twain »ein unangenehmer und überaus ernster Lesestoff« war.[1] Sie können aber auch hell, klar und spiegelnd sein. Als Henry David Thoreau eine Woche lang auf dem Concord River und dem Merrimack River unterwegs war, geriet er bereits am ersten Tag in den Bann der Spiegelungen, die er auf dem Wasser sah. Flüsse können symbolisch für das Schicksal stehen oder für Erkenntnis oder für die Begegnung mit etwas, was man lieber nicht wissen möchte. »Den Fluß hinaufzufahren war, als reiste man zurück zu den frühesten Anfängen der Welt, in eine Zeit, da die Pflanzen die Erde überwucherten«, erinnert sich Joseph Conrads Romanfigur Marlow.[2] »Man kann nicht zwei Mal in denselben Fluss steigen«, soll Heraklit gesagt haben, worauf einer seiner Anhänger, Kraylos, erwiderte: »Man kann nicht ein einziges Mal in denselben Fluss steigen.«

Es ist ein strahlender Morgen nach mehreren Regentagen, als ich auf dem Chicago Sanitary and Ship Canal fahre. Er ist eigentlich kein richtiger Fluss, sondern ein knapp fünfzig Meter breiter, schnurgerader Kanal. Auf dem Wasser, das die Farbe von altem Pappkarton hat, schwimmen Bonbonpapierchen und Styroporschnipsel. An diesem Morgen sind hier vor allem Frachtkähne mit Sand, Kies und petrochemischen Produkten unterwegs. Die einzige Ausnahme ist das Boot, auf dem ich mich befinde, ein Ausflugsboot namens City Living.

Die City Living ist mit wollweißen Sitzbänken und einer Markise ausgestattet, die in der Brise flattert. An Bord sind außer mir noch der Eigner und Kapitän des Bootes und einige Mitglieder einer Gruppe, die sich Friends of the Chicago River nennt. Die Freunde sind nicht gerade das, was man anspruchsvoll nennen würde. Bei ihren Ausflügen waten sie häufig knietief in Schmutzwasser, um es auf coliforme Bakterien aus Fäkalien zu testen. Unsere Expedition soll auf dem Kanal weiter nach Süden führen, als sie je zuvor gefahren sind. Alle sind aufgeregt und, ehrlich gesagt, auch ein bisschen ängstlich.

Wir sind vom Lake Michigan über den South Branch des Chicago River in den Kanal gelangt und fahren nun nach Westen, vorbei an Bergen von Streusalz, Schrott und rostenden Containern. Knapp hinter dem Stadtrand passieren wir die Auslassrohre des Klärwerks Stickney, des angeblich größten der Welt. Von Deck der City Living können wir das Klärwerk zwar nicht sehen, wohl aber riechen. Das Gespräch wendet sich den letzten Regenfällen zu. Sie haben die Abwassersysteme der Region überfordert und zu einer »Überflutung der Mischkanalisation« geführt. Wir spekulieren, welche »Schwimm- und Schwebstoffe« dabei wohl freigesetzt wurden. Jemand fragt sich, ob wir im Chicago River auf »Weißfische« treffen werden, wie gebrauchte Kondome im hiesigen Slang genannt werden. Wir tuckern weiter. Schließlich mündet ein weiterer Kanal in den Sanitary and Ship Canal, der sogenannte Cal-Sag. An ihrem Zusammenfluss liegt ein V-förmiger Park mit malerischen Wasserfällen – künstlich angelegt wie fast alles auf unserer Route.

Wenn Chicago die Stadt der breiten Schultern ist, könnte man den Sanitary and Ship Canal als ihren übergroßen Schließmuskel bezeichnen. Bevor er ausgebaggert wurde, wanderten sämtliche Abwässer der Stadt – mit menschlichen Exkrementen, Rindergülle, Schafdung und den verwesenden Eingeweiden aus den Schlachthöfen – in den Chicago River, der an manchen Stellen so verschmutzt war, dass ein Huhn angeblich von einem Ufer ans andere gehen konnte, ohne nasse Füße zu bekommen. Der ganze Unrat gelangte mit dem Fluss in den Lake Michigan, der damals wie heute die einzige Trinkwasserquelle der Stadt war. Regelmäßig kam es zu Typhus- und Choleraausbrüchen.

Der Kanal, der im ausgehenden 19. Jahrhundert gebaut und zu Beginn des 20. Jahrhunderts eröffnet wurde, stellte den Chicago River sozusagen auf den Kopf und zwang ihn, seine Fließrichtung zu ändern, so dass Chicagos Abwässer nicht mehr in den Lake Michigan, sondern von der Stadt fort in den Des Plaines River und von dort in den Illinois, den Mississippi und letztlich in den Golf von Mexiko flossen. »Das Wasser des Chicago River hat nun Ähnlichkeit mit Flüssigkeit«, lautete damals eine Schlagzeile in der *New York Times*.[3]

Die Fließrichtung des Chicago River umzukehren war das umfangreichste öffentliche Bauprojekt seiner Zeit, ein Musterbeispiel für das, was man ohne jede Ironie als Naturbeherrschung bezeichnete. Es dauerte sieben Jahre, den Kanal auszubaggern, und erforderte die Entwicklung völlig neuer Technologien – wie die Förderanlage von Mason & Hoover oder die Schrägförderanlage von Heidenreich –, die zusammen als Chicagoer Erdbewegungsschule (Chicago School of Earth Moving) bekannt wurden.[4] Insgesamt grub man über dreißig Millionen Kubikmeter Erde und Gestein aus, genug, um eine zweieinhalb Quadratkilometer große und 15 Meter hohe Insel aufzuschütten, wie ein Kommentator voller Bewunderung ausrechnete.[5] Der Fluss prägte die Stadt, und die Stadt gestaltete den Fluss um.

Aber mit der Umkehrung der Fließrichtung des Chicago River wurde nicht nur Abwasser nach St. Louis geleitet, sondern der Wasserhaushalt von zwei Dritteln der Vereinigten Staaten drastisch verändert. Die ökologischen Folgen dieser Maßnahme hatten finanzielle Auswirkungen, die wiederum eine ganze Reihe von Eingriffen in den rückwärts fließenden Fluss notwendig machten. Zu einigen dieser Eingriffe war die City Living nun unterwegs. Wir näherten uns diesem Kanalabschnitt vorsichtig, wenn auch vielleicht nicht vorsichtig genug, denn einmal wurde unser Boot beinahe zwischen zwei großen Lastkähnen eingequetscht. Die Deckshelfer brüllten Anweisungen, die zunächst unverständlich waren, sich dann aber als nicht druckreif erwiesen.

Knapp fünfzig Kilometer kanalabwärts – oder flussaufwärts? – erreichen wir unser Ziel. Das erste Anzeichen, dass wir bald dort sind, ist ein Schild in der Größe einer Plakatwand und der Farbe einer Plastikzitrone: »Achtung«, verkündet es, »Schwimmen, Tauchen, Angeln und Anlegen verboten.« Unmittelbar dahinter steht ein weiteres Schild, diesmal in Weiß: »Alle Passagiere, Kinder und Haustiere im Auge behalten.« Nach einigen hundert Metern taucht ein drittes Schild auf, maraschinorot: »Achtung! Elektrische Fischbarrieren. Gefahr von Elektroschocks!«

Alle kramen ein Mobiltelefon oder eine Kamera hervor. Wir fotografieren das Wasser, die Warnschilder und uns gegenseitig. An Bord wird gewitzelt, einer solle in den unter Strom gesetzten Fluss steigen oder zumindest eine Hand hineinhalten, um zu sehen, was passiert. Sechs Kanadareiher haben sich in der Hoffnung auf eine leicht erbeutete Mahlzeit Seite an Seite am Ufer versammelt wie Studierende, die in der Mensa Schlange stehen. Wir fotografieren auch sie.

Aus der Prophezeiung, der Mensch solle sich »die Erde untertan« machen und herrschen »über alles Getier, das auf Erden kriecht«, ist eine Tatsache geworden. Welche Kennzahl man auch nehmen mag, jede erzählt die gleiche Geschichte. Mittlerweile haben die Menschen über die Hälfte der eisfreien Landflächen der Erde – gut siebzig Millionen Quadratkilometer – unmittelbar und die Hälfte der übrigen Fläche mittelbar verändert.[6] Wir haben die meisten großen Flüsse eingedämmt oder umgeleitet. Unsere Düngemittelfabriken und die angebauten Hülsenfrüchte binden mehr Stickstoff als alle Ökosysteme der Erde zusammen, und unsere Flugzeuge, Autos und Kraftwerke stoßen 100 Mal mehr Kohlendioxid aus als Vulkane. Regelmäßig lösen wir Erdbeben aus. (Ein besonders starkes, von Menschen verursachtes Beben erschütterte am Morgen des 3. September 2016 Pawnee, Oklahoma, und war noch in der 650 Kilometer entfernten Stadt Des Moines zu spüren.)[7] Was die reine Biomasse angeht, sind die Zahlen verblüffend: Gegenwärtig übersteigt das Gesamtgewicht aller Menschen das der wild lebenden Säugetiere um das Achtfache. Rechnet man die domestizierten Tiere hinzu – überwiegend Rinder und Schweine –, so ergibt sich ein Verhältnis von zweiundzwanzig zu eins. »Tatsächlich übersteigt die Biomasse aller Menschen und Nutztiere die sämtlicher Wirbeltiere zusammen, Fische ausgenommen«, stellte ein Beitrag in den *Proceedings of the National Academy of Sciences* kürzlich fest.[8] Wir sind zu einem Haupttreiber des Artensterbens, vermutlich aber auch der Artenbildung geworden. Der Einfluss des Menschen ist so allgegenwärtig, dass manche sagen, wir lebten in einer neuen erdgeschichtlichen Epoche – im Anthropozän. Im Zeitalter des Menschen gibt es keinen Ort, auch nicht in den tiefsten Meeresgräben und mitten im antarktischen Eisschild, der nicht bereits unsere Fußabdrücke trägt wie Robinson Crusoes Insel die von Freitag.

Aus dieser Entwicklung lässt sich eine offenkundige Lehre ziehen: Sei vorsichtig mit deinen Wünschen. Die Erwärmung der Atmosphäre und der Ozeane, die Versauerung der Meere, der Anstieg des Meeresspiegels, das Verschwinden der Gletscher, die Wüstenbildung, die Nährstoffanreicherung – das sind nur einige der Begleiterscheinungen, die der Erfolg des Menschen mit sich bringt. Dieser weltweite Wandel, wie man es verharmlosend nennt, vollzieht sich mit einer Geschwindigkeit, für die es in der Erdgeschichte nur eine Handvoll Beispiele gibt, das jüngste ist der Asteroideneinschlag, der vor 66 Millionen Jahren die Herrschaft der Dinosaurier beendete. Menschen produzieren beispiellose Klimaverhältnisse, beispiellose Ökosysteme, eine ganze beispiellose Zukunft. An diesem Punkt mag es ratsam sein, unsere Ansprüche zurückzuschrauben und die Auswirkungen unseres Handelns zu reduzieren. Aber wir sind so viele – derzeit annähernd acht Milliarden –, und wir sind so weit fortgeschritten, dass eine Umkehr nicht machbar scheint.

Somit sehen wir uns mit einem beispiellosen Dilemma konfrontiert. Wenn es denn eine Antwort auf das Problem der Kontrolle geben soll, wird sie in mehr Kontrolle bestehen. Allerdings ist das, was es nun zu beherrschen gilt, keine Natur mehr, die unabhängig vom Menschen existiert – oder ohne menschliche Eingriffe gedacht werden könnte. Vielmehr gehen die neuen Bestrebungen bereits von einem umgestalteten Planeten aus und drehen sich um sich selbst: Es geht weniger um die Beherrschung der Natur als um die Kontrolle der Naturbeherrschung. Zunächst kehrt man die Fließrichtung eines Flusses um, dann setzt man ihn unter Strom.

Das United States Army Corps of Engineers hat sein Bezirkshauptquartier in einem neoklassizistischen Gebäude auf der Chicagoer LaSalle Street. Eine Plakette an der Hausmauer verkündet, dass dort 1883 die General Time Convention mit dem Ziel tagte, die Uhren des Landes zu synchronisieren. Im Zuge dessen wurden Dutzende regionale Zeitzonen auf vier reduziert, was in vielen Gemeinden zum sogenannten Tag mit zwei Mittagen führte.

Seit seiner Gründung unter Präsident Thomas Jefferson befasste sich das Pionierkorps mit der Durchführung von Großprojekten. Zu den zahlreichen weltverändernden Vorhaben, an denen es beteiligt war, gehörten der Panamakanal, der Sankt-Lorenz-Seeweg, der Bonneville-Damm im Colorado River und das Manhattan-Projekt. (Für die Entwicklung der Atombombe schuf das Pionierkorps eine neue Abteilung, die es Manhattan District nannte, um den eigentlichen Zweck zu kaschieren).[9] Es ist ein Zeichen der Zeit, dass sich das Pionierkorps zunehmend mit nachgelagerten, zweitrangigen Aufgaben wie der Wartung von elektrischen Fischsperren im Sanitary and Ship Canal betraut sieht.

An einem Morgen nicht lange nach meiner Bootsfahrt mit den

Friends of the Chicago River besuchte ich das Chicagoer Hauptquartier des Pionierkorps, um mit dem für die Fischsperren zuständigen Ingenieur, Chuck Shea, zu sprechen. Das Erste, was mir neben der Rezeption ins Auge fiel, waren zwei riesige Silberkarpfen auf Felsen. Wie bei allen Silberkarpfen lagen die Augen im unteren Kopfbereich, so dass sie aussahen, als habe man sie verkehrt herum montiert. In einer seltsam zusammengestellten Faunanachbildung waren die Plastikfische von kleinen Plastikschmetterlingen umgeben.

»Als ich vor Jahren mein Ingenieurstudium absolvierte, hätte ich nie gedacht, dass ich mich so viel mit Fischen beschäftigen würde«, erzählte mir Shea. »Aber eigentlich ist es ganz gut für Partygespräche.« Shea, ein schlanker Mann mit angegrautem Haar und Drahtgestellbrille, strahlte die Zurückhaltung aus, die aus dem Umgang mit Problemen erwächst, die sich mit Worten nicht lösen lassen. Auf meine Frage, wie die Fischsperren funktionieren, streckte er seine Hand aus, als wolle er meine schütteln.

»Wir geben elektrische Impulse ins Wasser«, erklärte er. »Im Grunde muss man nur genügend Strom ins Wasser leiten, um zu gewährleisten, dass in dem gesamten Gebiet ein elektrisches Feld entsteht.«

»Die Stärke des elektrischen Feldes nimmt zu, wenn man flussabwärts darauf zuschwimmt oder umgekehrt, wenn meine Hand also ein Fisch wäre, wäre die Nase hier«, er zeigte auf die Spitze seines Mittelfingers, »und der Schwanz ist hier.« Er deutete auf sein Handgelenk und wackelte mit der ausgestreckten Hand.

»Nun passiert Folgendes: Wenn der Fisch hineinschwimmt, spürt seine Nase eine Stromspannung und sein Schwanz eine andere. Das führt dazu, dass der Strom tatsächlich durch seinen Körper fließt. Der Strom, der durch einen Fisch fließt, verursacht einen Schock oder versetzt ihm einen Stromschlag. Bei einem großen Fisch besteht eine große Spannungsdifferenz zwischen Nase und Schwanz. Bei einem kleinen Fisch ist der Abstand, den die Span-

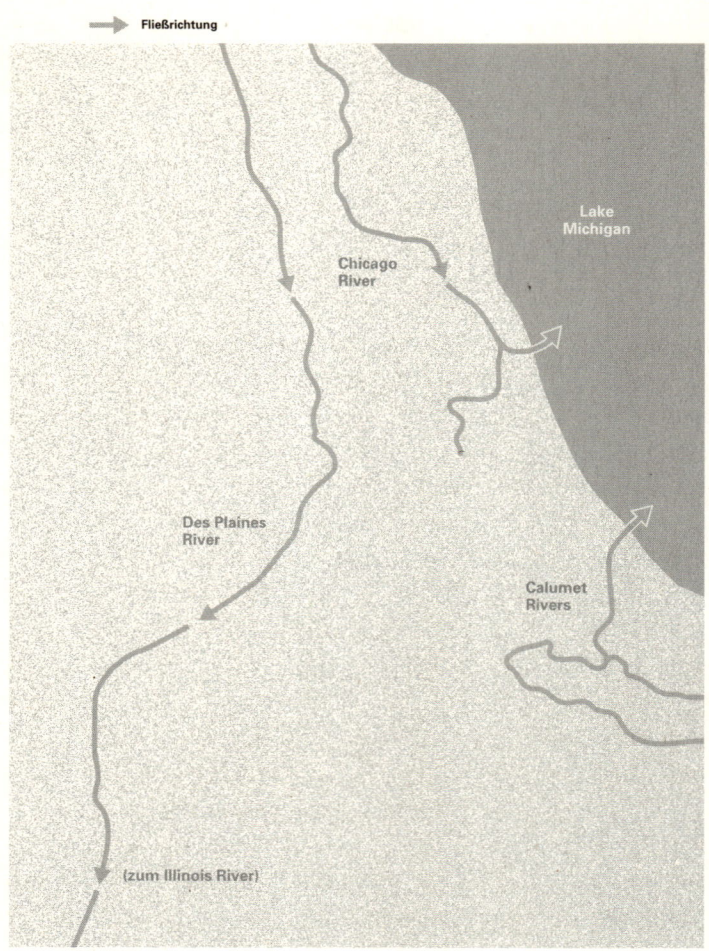

Vor der Umkehrung der Fließrichtung mündete der Chicago River in den Lake Michigan.

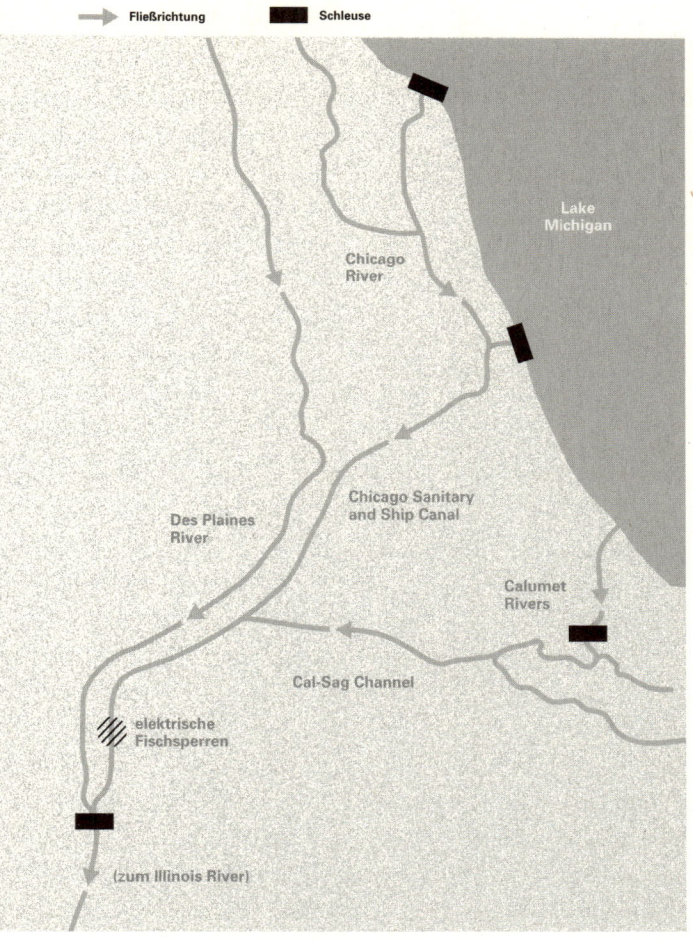

Der Chicago Sanitary and Ship Canal leitete den Chicago River
vom See fort.

nung zurücklegen muss, nicht so groß, daher ist der Schock kleiner.«

Er lehnte sich zurück und ließ seine Hand in seinen Schoß sinken. »Das Gute ist, dass Silberkarpfen sehr große Fische sind. Sie sind der Staatsfeind Nummer eins.« Ein Mensch ist auch ziemlich groß, stellte ich fest. »Alle Menschen reagieren unterschiedlich auf Strom«, erwiderte Shea. »Aber im Endeffekt kann er leider tödlich sein.«

Wie Shea mir erzählte, war das Pionierkorps in den ausgehenden neunziger Jahren auf Drängen des Kongresses in den Betrieb der Fischsperren involviert worden. »Es war eine ziemlich unbefristete Anweisung«, erzählte er. »Macht was!«

Die Aufgabe, vor die sich das Pionierkorps gestellt sah, war schwierig: Es sollte den Sanitary and Ship Canal für Fische unpassierbar machen, ohne Menschen, Lastkähne und Abwasser in ihrer Bewegung einzuschränken. Die Ingenieure zogen über ein Dutzend möglicher Herangehensweisen in Betracht, unter anderem das Wasser des Kanals mit Gift zu versehen, mit ultraviolettem Licht zu bestrahlen, mit Ozon zu versetzen, mit dem Kühlwasser aus Kraftwerken zu erwärmen und gigantische Filter zu installieren.[10]

Sie überlegten sogar, es mit Stickstoff anzureichern, um eine anoxische (also nahezu sauerstofffreie) Umgebung zu schaffen, wie sie typischerweise in ungeklärtem Abwasser herrscht. (Diese Option wurde teils wegen der Kosten verworfen, die schätzungsweise 250 000 Dollar am Tag betragen hätten.) Schließlich entschieden sie sich für die elektrischen Fischsperren, weil sie kostengünstig waren und als humanste Option erschienen. Alle Fische, die sich ihnen näherten, würden hoffentlich abgeschreckt, bevor sie getötet würden.

Die erste elektrische Fischsperre wurde am 9. April 2002 in Betrieb genommen. Ursprünglich war sie dazu gedacht, die Schwarzmundgrundel abzuschrecken, einen froschgesichtigen Eindringling, der im Kaspischen Meer beheimatet ist und aggressiv die Eier anderer Fische frisst. Sie hatte sich im Lake Michigan angesiedelt, und es gab Befürchtungen, dass sie über den Sanitary and Ship Canal in den Des Plaines River und von dort weiter in den Illinois River und den Mississippi wandern könnte. »Bevor das Projekt aktiviert werden konnte, war die Schwarzmundgrundel schon auf der anderen Seite«, erklärte mir Shea. So wurde der Kanal unter Strom gesetzt, nachdem der Fisch schon ausgerissen war.

Unterdessen wanderten andere Eindringlinge – asiatische Karpfen – in umgekehrter Richtung den Mississippi aufwärts nach Chicago. Wären sie durch den Kanal gelangt, hätten sie im Michigansee Unheil angerichtet, so fürchtete man, bevor sie sich weiter ausgebreitet hätten in den Oberen See sowie in den Huron-, Erie- und Ontariosee. Ein Politiker aus Michigan warnte, die Fische könnten »unsere Lebensweise ruinieren«.[11]

»Asiatische Karpfen sind eine sehr gute invasive Spezies«, erklärte mir Shea, korrigierte sich dann aber: »Na ja, nicht ›gut‹ – sie sind gut darin, invasiv zu sein. Sie sind anpassungsfähig und können in vielen unterschiedlichen Umgebungen gedeihen. Und das macht es so schwierig, mit ihnen umzugehen.«

Später installierte das Pionierkorps zwei weitere Fischbarrieren mit einer weitaus höheren Stromspannung im Kanal und ersetzte, als ich die Anlage besuchte, gerade die erste Fischsperre durch eine erheblich stärkere Version. Zudem plante es, den Kampf mit einer Fischsperre, die Lärm und Blasen erzeugte, auf eine völlig neue Ebene zu heben. Die Kosten dieser Blasensperre wurden zunächst auf 275 Millionen Dollar geschätzt und stiegen später auf 775 Millionen Dollar.

»Die Leute nennen sie scherzhaft eine Diskosperre«, erzählte Shea. Es war ein Satz, den er gut auf einer Party hätte anbringen können, fand ich.

Häufig ist von asiatischen Karpfen die Rede, als ob es sich dabei um eine einzige Spezies handelte, tatsächlich handelt es sich jedoch um einen Oberbegriff für vier Fischarten. Alle vier sind in China heimisch, wo man sie kollektiv als 四大家鱼 bezeichnet, ein Ausdruck, der etwa die »vier berühmten heimischen Fische« bedeutet. Schon seit dem 13. Jahrhundert züchten Chinesen diese berühmten Vier zusammen in Teichen. Diese Praxis gilt als »das erste dokumentierte Beispiel für integrierte Polykultur der Menschheitsgeschichte«.[12]

Jede Spezies der berühmten Vier besitzt ihre besonderen Talente, und wenn sie ihre Kräfte vereinen, sind sie ebenso wie die Fantastischen Vier der Comicreihe praktisch kaum aufzuhalten. Der Graskarpfen (*Ctenopharyngodon idella*) frisst Wasserpflanzen. Der Silberkarpfen (*Hypophthalmichthys molitrix*) und der Marmorkarpfen (*Hypophthalmichthys nobilis*) filtern ihre Nahrung aus dem Wasser, indem sie es durch den Mund einsaugen und das Plankton in kammartigen Strukturen in den Kiemen zurückhalten. Der Schwarze Amur oder Schwarze Graskarpfen (*Mylopharyngodon piceus*) frisst Weichtiere wie Schnecken. Wirft man Schnittgut von einem Bauernhof in einen Teich, werden Graskarpfen es fressen. Ihre Ausscheidungen fördern das Algenwachstum. Diese Algen ernähren den Silberkarpfen und winzige Wassertierchen wie Wasserflöhe, die zur bevorzugten Nahrung des Schwarzen Amurs gehören. Dieses System hat es den Chinesen ermöglicht, ungeheure Karpfenmengen zu ernten – allein 2015 annähernd fünfzig Milliarden Pfund.[13]

In einer jener ironischen Wendungen, die es im Anthropozän in Hülle und Fülle gibt, ist die Zahl frei lebender Karpfen in China eingebrochen, während die der Zuchtpopulationen in die Höhe geschnellt ist. Aufgrund von Projekten wie der Drei-Schluchten-Talsperre im Jangtsekiang haben Flussfische Probleme zu laichen. Somit sind die Karpfen zugleich Instrumente und Opfer menschlicher Kontrolle.

Die berühmten vier Fischarten gelangten zumindest teilweise dank Rachel Carsons *Der stumme Frühling* in den Mississippi – eine weitere Ironie des Anthropozäns. In diesem Buch, das den Arbeitstitel *The Control of Nature* (Die Beherrschung der Natur) hatte, verwarf die Autorin die Vorstellung einer Herrschaft über die Natur.[14]

»Die ›Herrschaft über die Natur‹ ist ein Schlagwort, das man in anmaßendem Hochmut geprägt hat. Es stammt aus der ›Neandertal-Zeit‹ der Biologie und Philosophie, als man noch annahm, die Natur sei nur dazu da, dem Menschen zu dienen und ihm das Leben angenehm zu machen«, schrieb sie. Herbizide und Pestizide stünden für die schlimmste Art von »Höhlenmenschen«-Denken, sie seien eine Keule, die sich gegen die »Gemeinschaft der Lebewesen« richte.[15]

Der unterschiedslose Einsatz von Chemikalien schade Menschen, töte Vögel und mache die Gewässer des Landes zu toten Flüssen, warnte Carson. Statt Pestizide und Herbizide zu fördern, sollten die Behörden sie verbieten, da uns »eine wahrlich außerordentliche Vielzahl anderer Möglichkeiten zur Verfügung« stünden. Eine Alternative, die Carson besonders empfahl, war der Einsatz einer biologischen Art gegen eine andere. So könne man einen Parasiten importieren, der sich von einer unerwünschten Insektenart ernähre.

»In ihrem Buch war das Problem – der Übeltäter – der breite, nahezu uneingeschränkte Einsatz von Chemikalien, besonders der Chlorkohlenwasserstoffe wie DDT«, erklärte mir Andrew Mitchell, ein Biologe an einem Forschungszentrum für Wasserwirtschaft in Arkansas, der die Geschichte der asiatischen Karpfen in Amerika eingehend untersucht hatte. »Das ist der Kontext von alledem: Wie kommen wir von diesem massiven Einsatz von Chemikalien weg und behalten dennoch eine gewisse Kontrolle? Und das hat vermutlich ebenso viel mit dem Import von Karpfen zu tun. Diese Fische waren biologische Kontrollinstrumente.«

1963, ein Jahr nach dem Erscheinen von *Der stumme Frühling*, brachte der U. S. Fish and Wildlife Service die erste dokumentierte Ladung asiatischer Karpfen nach Amerika.[16] Dahinter stand die Vorstellung, der Karpfen solle Wasserpflanzen in Schach halten, wie Carson es empfohlen hatte. (Wasserpflanzen wie das Ährige Tausendblatt – eine weitere importierte Spezies – können sich in Teichen und Seen so stark ausbreiten, dass diese Gewässer für Boote und Schwimmer unpassierbar werden.) Die eingeführten Fische waren junge Graskarpfen – »Setzlinge« – und wurden in der Fish Farming Experimental Station der Behörde in Stuttgart, Arkansas, aufgezogen. Drei Jahre später gelang es Biologen der Station, einen der mittlerweile ausgewachsenen Karpfen zum Laichen zu bringen. Daraus entstanden Tausende weitere Setzlinge, von denen einige nahezu auf Anhieb entwischten. So gelangten junge Graskarpfen in den White River, einen Nebenfluss des Mississippi.

In den siebziger Jahren fand die Arkansas Game and Fish Commission Verwendung für Silber- und Marmorkarpfen.[17] Kurz zuvor war der Clean Water Act verabschiedet worden, und die Kommunen standen unter Druck, die neuen Standards für die Wasserreinhaltung umzusetzen. Viele Städte und Gemeinden konnten es sich jedoch nicht leisten, ihre Klärwerke nachzurüsten. Die Game and Fish Commission war der Ansicht, es könne hilfreich sein, Karpfen in Klärteichen einzusetzen. Sie würden die Nährstoffbelastung reduzieren, indem sie die Algen fräßen, die durch den übermäßigen Stickstoffgehalt wucherten. Im Rahmen einer Studie setzte man Silberkarpfen in Kläranlagen in Benton, einem Vorort von Little Rock, ein. Tatsächlich senkten die Fische den Nährstoffgehalt, bevor auch sie entwischten. Wie es genau dazu kam, weiß niemand, weil niemand es beobachtete.

»Damals suchten alle nach einer Möglichkeit, die Umwelt sauberer zu machen«, erklärte mir Mike Freeze, ein Biologe, der bei der Arkansas Game and Fish Commission arbeitete. »Rachel Carson hatte *Der stumme Frühling* geschrieben, und alle waren wegen der ganzen Chemikalien im Wasser besorgt. Wegen der nicht heimischen Fischarten machten sie sich nicht annähernd so große Sorgen, was bedauerlich ist.«

Die Fische – überwiegend Silberkarpfen – lagen auf einem blutigen Haufen. Es waren unzählige, lebendig in das Boot gehievt. Stundenlang hatte ich zugesehen, wie sie angehäuft wurden, und während die unten liegenden mittlerweile wohl tot waren, wie ich vermutete, zappelten die oberen immer noch und rangen nach Luft. Ich meinte in ihren tiefsitzenden Augen einen vorwurfsvollen Blick zu erkennen, hatte aber keine Ahnung, ob sie mich überhaupt sehen konnten oder ob es eine Projektion war.

Es war ein schwüler Sommermorgen einige Wochen nach meinem Ausflug auf der City Living. Die zappelnden Karpfen, drei Biologen im Dienst des Staates Illinois, mehrere Fischer und ich dümpelten auf einem See in Morris herum, einer Kleinstadt knapp 100 Kilometer südwestlich von Chicago. Der See hatte keinen Namen, da er aus einer Kiesgrube entstanden war. Um Zugang zu ihm zu bekommen, hatte ich dem Unternehmen, dem das Gelände gehörte, eine Einverständniserklärung unterschreiben müssen, in der ich mich unter anderem verpflichtete, keine Schusswaffen zu tragen, nicht zu rauchen und keine »Flammen produzierenden Geräte« zu benutzen. Auf dem Formular waren die Umrisse der zum See gewordenen Kiesgrube abgebildet, die aussahen wie die Kinderzeichnung eines Tyrannosaurus. Dort, wo der Bauchnabel des Tyrannosaurus saß, falls er überhaupt einen solchen hatte, verband ein Kanal den See mit dem Illinois River. Diese Verbindung war für das Vorkommen der Silberkarpfen im See verantwortlich. Denn zur Fortpflanzung brauchen sie fließendes Wasser – oder Hormongaben –, aber sobald sie gelaicht haben, ziehen sie sich in stehende Gewässer zurück, um sich zu ernähren.

Man kann sich Morris als das Gettysburg im Kampf gegen den asiatischen Karpfen vorstellen. Südlich der Stadt gab es sie in Hül le und Fülle, nördlich kamen sie nur selten vor (wie selten ist allerdings umstritten). Viel Zeit, Geld und Fisch wird auf Bemühungen verwandt, dass es so bleibt. Diese Bestrebungen bezeichnet man als »Fischsperrenschutz«, der verhindern soll, dass große Karpfen die elektrischen Fischsperren erreichen. Wären die Stromschläge eine sichere Abschreckung, dann wäre der Fischsperrenschutz nicht notwendig, aber niemand, mit dem ich sprach, einschließlich Beamte wie Shea beim Army Corps of Engineers, war sonderlich darauf erpicht, die Technologie auf die Probe zu stellen.

»Unser Ziel ist es, den Karpfen von den Großen Seen fernzuhalten«, erklärte mir einer der Biologen, als wir über die ehemalige Kiesgrube tuckerten. »Wir verlassen uns nicht auf die elektrischen Sperren.«

Zu Tagesbeginn hatten die Fischer Hunderte Meter Stellnetze ausgebracht, die sie nun von drei Aluminiumbooten aus einholten. Heimische Fischarten – wie Flachkopfwelse oder Süßwassertrommler –, die ins Netz gegangen waren, sortierten sie aus und warfen sie wieder in den See. Asiatische Karpfen ließen sie im Boot verenden.

In diesem namenlosen See gab es anscheinend einen unerschöpflichen Bestand an Karpfen. Meine Kleider, mein Notebook und mein Aufnahmegerät waren bald voller Blut- und Schleimspritzer. Kaum waren die Netze eingeholt worden, brachten die Fischer sie auch schon wieder aus. Wenn sie von einer Seite des Bootes auf die andere gehen mussten, wateten sie einfach durch die zappelnden Karpfen. »Wer hört die Fische, wenn sie schreien?«, fragte Thoreau. »Irgendein Gedächtnis wird es nicht vergessen, dass wir Zeitgenossen waren.«[18]

Gerade die Eigenschaften, durch die diese »heimischen Fischarten« in China berühmt wurden, machten sie in den Vereinigten Staaten berühmt-berüchtigt. Ein gut genährter Graskarpfen kann gut achtzig Pfund wiegen.[19] An einem einzigen Tag kann er eine Nahrungsmenge fressen, die nahezu der Hälfte seines Körpergewichts entspricht, und er legt beim Laichen jeweils Hunderttausende Eier. Marmorkarpfen können ein Gewicht von bis zu 100 Pfund erreichen. Mit ihrer vorgewölbten Stirn sehen sie übellaunig aus. Da sie keinen echten Magen besitzen, fressen sie mehr oder weniger ununterbrochen.

Silberkarpfen sind ebenso gefräßig und filtern die Nahrung so effektiv aus dem Wasser, dass sie bis zu vier Mikrometer kleine Planktonteilchen heraussieben können – das entspricht einem Viertel des Durchmessers des feinsten menschlichen Haars. Wo immer sie auftauchen, verdrängen sie die heimischen Fischarten, bis praktisch nur sie allein übrig sind. Der Journalist Dan Egan sagte: »Marmor- und Silberkarpfen dringen nicht nur in Ökosysteme ein. Sie erobern sie.«[20] Im Illinois River machen asiatische Karpfen gegenwärtig nahezu drei Viertel der Fischbiomasse aus, und in manchen Gewässern ist ihr Anteil noch höher.[21] Der ökologische Schaden reicht jedoch über die Fischbestände hinaus; so befürchtet man, dass der Schwarze Amur, der sich von Weichtieren ernährt, den ohnehin schon bedrohten Süßwassermuscheln den Rest gibt.

»In Nordamerika gibt es die größte Muschelvielfalt der Welt«, erzählte mir Duane Chapman, ein Forschungsbiologe des U.S. Geological Survey, der sich auf asiatische Karpfen spezialisiert hat. »Viele Arten sind bedroht oder bereits ausgestorben. Und jetzt haben wir im Grunde den effizientesten Süßwassermolluskenfresser der Welt auf einige der am stärksten bedrohten Weichtierarten losgelassen.«

Einer der Fischer, die ich in Morris traf, Tracy Seidemann, trug einen wasserdichten Overall voller geronnener Blutflecken und ein T-Shirt, dessen Ärmel abgeschnitten waren. Mir fiel auf, dass er auf einem seiner sonnenverbrannten Arme einen Karpfen eintätowiert hatte. Es war ein europäischer Karpfen, wie er mir erklärte. Auch sie gehören einer invasiven Spezies an, die in den 1880er Jahren aus Europa eingeführt wurde und vermutlich auf ihre Art ebenfalls Schaden anrichtete. Aber sie sind schon so lange hier, dass die Menschen sich an sie gewöhnt haben. »Wahrscheinlich hätte ich mir einen asiatischen Karpfen tätowieren lassen sollen«, meinte er achselzuckend.

Seidemann erzählte mir, dass er früher hauptsächlich Büffelfische fing, die im Mississippi und in seinen Nebenflüssen heimisch sind. (Büffelfische sehen Karpfen ein bisschen ähnlich, gehören aber einer anderen Familie an.) Als die asiatischen Karpfen kamen, gingen die Büffelfischbestände drastisch zurück. Mittlerweile verdiente Seidemann sein Geld überwiegend damit, dass er im Auftrag des Illinois Department of Natural Resources asiatische Karpfen tötete. Es erschien mir taktlos, ihn nach seinem Einkommen zu fragen, aber später erfuhr ich, dass Vertragsfischer damit pro Woche über fünftausend Dollar brutto erzielen können.

Am Ende des Tages luden Seidemann und die anderen ihre Boote mitsamt den Karpfen auf Hänger und fuhren in die Stadt. Dort verfrachteten sie die inzwischen reglosen Fische mit ihren glasigen Augen in einen wartenden Sattelschlepper.

Dieser Einsatz zum Fischsperrenschutz wurde noch drei Tage lang fortgesetzt. Die Männer holten 6404 Silberkarpfen und 547 Marmorkarpfen mit einem Gesamtgewicht von über 50 000 Pfund aus dem Wasser. Der Sattelschlepper brachte sie nach Westen, wo sie zu Dünger verarbeitet wurden.

Das Einzugsgebiet des Mississippi ist das drittgrößte der Welt nach dem des Amazonas und des Kongo und erstreckt sich über gut drei Millionen Quadratkilometer auf 31 US-Bundesstaaten und Teile von zwei kanadischen Provinzen. Es hat etwa die Form eines Trichters, dessen Hals in den Golf von Mexiko hineinragt.

Auch die Großen Seen haben ein riesiges Einzugsgebiet von mehr als 750 000 Quadratkilometern, das achtzig Prozent der nordamerikanischen Süßwasservorkommen umfasst. Dieses System, das die Form eines überfütterten Seepferdchens hat, fließt über den St. Lawrence River in den Atlantik ab.

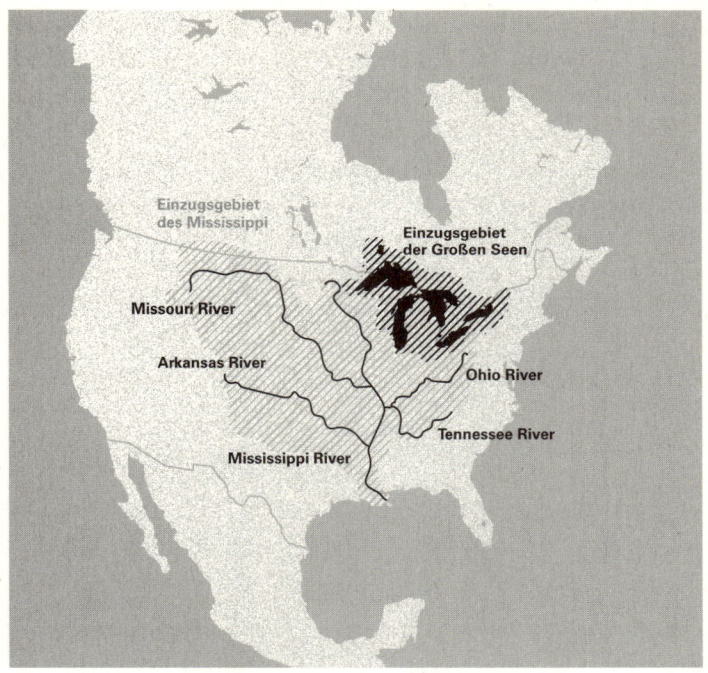

Die Umkehrung der Fließrichtung des Chicago River schuf eine Verbindung zwischen den Einzugsgebieten von zwei großen Flusssystemen.

Diese beiden großen Einzugsgebiete liegen nebeneinander, bilden – oder bildeten – jedoch zwei getrennte Wasserwelten. Es bestand keinerlei Möglichkeit, dass Fische (oder Weichtiere und Krustentiere) aus einem Einzugsgebiet in das andere wechselten. Als Chicago sein Abwasserproblem löste, indem es den Sanitary and Ship Canal baute, öffnete sich ein Tor, das die beiden Wassergebiete miteinander verband. Über weite Teile des 20. Jahrhunderts hinweg stellte das kein Problem dar, weil der Kanal durch Chicagos Abwässer zu stark verschmutzt war, um Fischen als Wanderweg zu dienen. Durch das Inkrafttreten des Clean Water Act und die Arbeit von Umweltschutzgruppen wie den Friends of the

Chicago River besserten sich die Bedingungen, und so begannen Fische wie die Schwarzmundgrundel über diesen Verbindungsweg zu entwischen.

Im Dezember 2009 schaltete das United States Army Corps of Engineers eine der elektrischen Fischsperren im Kanal ab, um routinemäßige Wartungsarbeiten durchzuführen. Es nahm an, dass sich die nächsten asiatischen Karpfenbestände etwa 25 Kilometer flussabwärts befanden. Als Vorsichtsmaßnahme versetzte das Illinois Department of Natural Resources das Wasser jedoch mit 14 000 Litern Gift. Das Ergebnis waren 54 000 Pfund toter Fische.[22] Darunter entdeckte man einen asiatischen Karpfen – einen 55 Zentimeter langen Marmorkarpfen. Zweifellos waren viele Fische auf den Grund gesunken, bevor sie mit Netzen abgefischt werden konnten. Gab es darunter noch weitere asiatische Karpfen?

Aus den benachbarten Bundesstaaten kamen heftige Reaktionen. Fünfzig Kongressabgeordnete unterzeichneten einen Brief an das Pionierkorps, in dem sie ihrer Verärgerung Ausdruck verliehen. »Es gibt möglicherweise keine größere Bedrohung für das Ökosystem der Großen Seen als die Einschleppung des asiatischen Karpfens«, hieß es in dem Schreiben.[23] Michigan strengte eine Klage mit der Forderung an, dass die Verbindung zwischen den Einzugsgebieten wieder unterbrochen würde.[24] Nachdem das Army Corps of Engineers die Optionen untersucht hatte, veröffentlichte es 2014 einen 230 Seiten starken Bericht.

Nach Einschätzung des Pionierkorps bestand die effektivste Möglichkeit, asiatische Karpfen aus den Großen Seen fernzuhalten, tatsächlich darin, wieder eine »hydrologische Trennung« herbeizuführen.[25] Dies würde nach seinen Schätzungen 25 Jahre – dreimal so lang wie der Bau des Kanals – dauern und bis zu 18 Milliarden Dollar kosten.

Viele Experten, mit denen ich sprach, waren der Meinung, diese Milliarden wären gut angelegt. Sie wiesen darauf hin, dass jedes der beiden Einzugsgebiete seine eigene Palette invasiver Arten hatte, von denen manche wie die asiatischen Karpfen absichtlich dort angesiedelt, die meisten aber unbeabsichtigt in Ballastwasser eingeschleppt wurden. Im Mississippi-Gebiet zählten dazu der Nilbuntbarsch, das Peruanische Wassergras und der Zebrabuntbarsch aus Mittelamerika. Im Bereich der Großen Seen waren es das Meerneunauge, der Dreistachelige und der Vierstachelige Stichling, der Stachelige Wasserfloh, der Angelhaken-Wasserfloh, die Neuseeländische Zwergdeckelschnecke, die gemeine Federkiemenschnecke, die Ohrschlammschnecke, die Große Erbsenmuschel, die Dreieckige Erbsenmuschel, die Falten-Erbsenmuschel, der Rote Sumpfkrebs und die Rote Schwebegarnele.[26] Der sicherste Weg, die Eindringlinge in den Griff zu bekommen, wäre, den Kanal zu schließen.

Aber niemand, der sich für eine »hydrologische Trennung« aussprach, glaubte, dass dies jemals passieren würde. Das Abwassersystem Chicagos wieder zu ändern würde bedeuten, den Schiffsverkehr umzuleiten, den Hochwasserschutz und die Kläranlagen umzubauen. Es gab zu viele Wähler, die ein Interesse daran hatten, dass alles blieb, wie es war. »Politisch würde das einfach nie vorankommen«, sagte mir der Vorsitzende einer Gruppe, die auf die hydrologische Trennung gedrängt, aber die Idee letztlich aufgegeben hatte. Es war viel einfacher, sich eine erneute Umgestaltung des Flusses – mit elektrischen Fischsperren, Blasen, Lärm und allem Erdenklichen – vorzustellen, als das Leben der Menschen in seinem Umfeld zu verändern.

Das erste Mal, dass ich von einem Karpfen getroffen wurde, war in der Nähe der Kleinstadt Ottawa, Illinois. Es fühlte sich an, als hätte mir jemand mit einem Wiffleball-Schläger gegen das Schienbein geschlagen.

Was Menschen an asiatischen Karpfen vorrangig auffällt – was sie buchstäblich anspringt –, ist die Angewohnheit der Silberkarpfen, zu springen. Ein Geräusch, das sie aufschreckt, ist das Knattern von Außenbordmotoren, daher ist Wasserskifahren in von Karpfen befallenen Gebieten des Mittleren Westens zu einer besonderen Extremsportart geworden. Der Anblick von Silberkarpfen, die in hohem Bogen durch die Luft fliegen, ist zugleich schön wie ein Wasserballett und erschreckend wie eine heranrollende Feuerwalze. Einer der Fischer, die ich in Ottawa traf, erzählte mir, dass ihn die Begegnung mit einem fliegenden Karpfen bewusstlos zurückgelassen hatte. Ein anderer erklärte, er habe schon lange aufgehört, seine karpfenbedingten Verletzungen zu zählen: »Du wirst praktisch jeden Tag getroffen.« Ich las von einem Vorfall mit einer Frau, die von einem Karpfen von ihrem Jet-Ski geworfen wurde und nur überlebte, weil ein vorbeifahrender Bootsfahrer ihre Schwimmweste im Wasser dümpeln sah.[27] Auf YouTube gibt es unzählige Videos über Karpfenakrobatik mit Titeln wie »Asiatische Karpfokalypse« oder »Angriff des springenden asiatischen Karpfens«. Die Kleinstadt Bath, Illinois, die an einem besonders karpfenreichen Flussabschnitt liegt, versucht Kapital aus dem Chaos zu schlagen und veranstaltet alljährlich ein »Redneck-Angelturnier«, zu dem Teilnehmer sich kostümieren sollen. »Schutzkleidung wird dringend empfohlen!«, heißt es auf der Webseite des Turniers.

An dem Tag, als mich ein Karpfen traf, war ich mit einer Gruppe von Vertragsfischern, die »Fischsperrenschutz« betrieben, auf dem Illinois River. Außer mir waren noch mehrere Beobachter mit an Bord, darunter ein Professor namens Patrick Mills. Er lehrt am Joliet Junior College nur wenige Kilometer von der Stelle entfernt, an der das Pionierkorps seine Geräusch-und-Wasserstrahl-Disco-Sperre errichten wollte. »Joliet ist so etwas wie eine Speerspitze«, erklärte er mir. Er trug eine Baseballkappe des Joliet Junior College, an deren Schirm er eine Helmkamera befestigt hatte.

In Illinois traf ich eine Reihe von Leuten, die wie Mills aus für mich nicht immer ganz nachvollziehbaren Gründen beschlossen hatten, sich in den Kampf gegen den asiatischen Karpfen zu stürzen. Als gelernter Chemiker hatte er einen Köder in besonderen

Werden Silberkarpfen aufgeschreckt, springen sie aus dem Wasser.

Geschmacksnoten entwickelt, der Karpfen ins Netz locken sollte. Mithilfe eines örtlichen Konditors hatte er eine Wagenladung von Prototypen hergestellt. Sie hatten die Form und Größe von Ziegelsteinen und bestanden vorwiegend aus geschmolzenem Zucker. »Sie sind ein bisschen wie von MacGyver zusammengebastelt«, gab er zu.

Die Geschmacksrichtung, die an diesem Tag getestet werden sollte, war Knoblauch. Ich probierte einen der Köder, der nicht einmal unangenehm nach einem Knoblauchbonbon schmeckte. Mills erzählte mir, in der folgenden Woche sei Anisgeschmack an der Reihe: »Anis ist ein sehr gutes Flussaroma.«

Mills' Arbeit hatte das Interesse des U. S. Geological Survey geweckt, und so war ein Forschungsbiologe aus – dem sechs Autostunden entfernten – Columbia, Missouri, gekommen, um sich anzusehen, wie die Tests verliefen. Auch der Konditor, der die Köder produziert hatte, und seine Frau waren gekommen. An dieser Stelle, knapp 130 Kilometer von Chicago entfernt, war der Fluss breit und unbefahren. Zwei Weißkopfseeadler kreisten über uns, um uns herum sprangen Fische aus dem Wasser, und manche landeten im Boot. Alle waren anscheinend in festlicher Stimmung, nur die Fischer nicht, für die es bloß ein weiterer Arbeitstag war.

Einige Tage zuvor hatten die Fischer zwei Dutzend Korbreusen ausgeworfen, die wie Windsäcke aussehen und funktionieren. (Die Netze dehnen sich aus, wenn Wasser durchfließt, und fallen zusammen, wenn der Durchfluss fehlt.) Die Hälfte der Reusen hatten sie mit Mills' Ködern versehen, die in kleinen Netzsäckchen hingen. Es bestand die Hoffnung, dass die Köder mehr Karpfen anlocken. Die Fischer machten keinen Hehl aus ihrer Skepsis. Einer von ihnen beschwerte sich bei mir über den Geruch der Karpfenbonbons, was ich in Anbetracht des Gestanks der toten Fische seltsam fand. Ein anderer verdrehte die Augen über diese Tests, die er für reine Geldverschwendung hielt.

»Meiner Meinung nach ist das ein Witz«, sagte der Freimütigste der Gruppe, Gary Shaw, zu Mills. Der Zucker löse sich so schnell auf, dass er nicht sehe, wie die Karpfen das Aroma aufspüren oder den Köder finden sollten. Diplomatisch erwiderte Mills: »Wir haben die Ideen, aber nur durch solche Gespräche können wir sie verbessern.« Nachdem alle Reusen geleert waren, luden die Fischer den Fang in einen Sattelschlepper. Auch diese Fische sollten zu Dünger werden.

Ideen, wie man asiatische Karpfen aus den Großen Seen fernhält, können ebenso zahlreich sein wie die Karpfen. »Jeden Tag erhalten wir Anrufe von Leuten«, erzählte mir Kevin Irons. »Wir haben schon alles gehört – von Barken, in die sämtliche Fische springen, bis hin zu Messern, die durch die Luft fliegen. Manche sind besser durchdacht als andere.«

Irons ist der stellvertretende Leiter der Fischereiabteilung im Illinois Department of Natural Resources und beschäftigt sich als solcher während seiner Arbeitszeit überwiegend mit den Karpfen. »Ich hüte mich, eine Idee allzu früh abzutun«, erklärte er mir, als ich das erste Mal mit ihm telefonierte. »Man weiß nie, welcher kleine Gedanke Interesse erregen könnte.«

Irons selbst sieht die größte Hoffnung, die Invasion aufzuhalten, im Einsatz eines biologischen Agenten, wie man es bezeichnen könnte. Welche Spezies ist groß und gefräßig genug, um den Karpfenbeständen ernstlich zuzusetzen?

»Menschen verstehen sich darauf, Bestände zu überfischen«, sagte Irons mir. »Die Frage ist also: Wie können wir das zu unserem Vorteil nutzen?«

Vor einigen Jahren organisierte er ein Event, das Leute ermuntern sollte, Karpfen zu Tode zu lieben. Er nannte es das Karpfenfest. Ich nahm an der Eröffnungsfeier teil, die in einem Naturschutzgebiet unweit von Morris stattfand. In der Nähe der Bootsrampe des State Park stand ein großes weißes Zelt, in dem ehrenamtliche Helfer alle möglichen Werbeartikel über invasive Arten verteilten. Ich bekam einen Bleistift, einen Kühlschrankmagneten, ein Handbuch mit dem Titel *Invaders of the Great Lake*, ein Handtuch mit der Aufschrift »Fight the Spread of Aquatic Invaders« (»Bekämpft die Ausbreitung invasiver Arten im Wasser«) und ein Merkblatt, wie man fliegende Karpfen abwehrt.

»Befestigen Sie den Notausschalter an Ihrer Kleidung«, riet das Merkblatt des Illinois Natural History Survey. »Das verhindert, dass das Boot weiterfährt, wenn Sie bewusstlos geschlagen oder von Bord geschleudert werden.« Von einer Firma, die aus Karpfen Leckereien für Haustiere machte, bekam ich eine kostenlose Packung Hundeknabbereien, die wie mumifizierte Schlangen aussahen.

Ich entdeckte Irons neben einer Karte, die zeigte, wie asiatische Karpfen den Sanitary and Ship Canal als Durchschlupf in den Lake Michigan nutzten. Er ist ein stämmiger Mann mit weißem Haar und weißem Bart und sieht aus wie ein Weihnachtsmann, der außerhalb der Saison mit einem Angelkasten unterwegs ist.

»Die Leute haben ein leidenschaftliches Verhältnis zu den Großen Seen, zu deren Ökosystem, auch wenn es sich stark verändert hat«, erzählte er. »Wir sollten uns davor hüten, sie als ›unberührtes System‹ zu bezeichnen, denn es ist nicht mehr wirklich naturbelassen.« Irons wuchs in Ohio auf und angelte im Eriesee. In den letzten Jahren erlebte der Eriesee Algenblüten, die riesige Wasserflächen in ein widerliches Grün tauchten. Würden asiatische Karpfen in den Michigansee und von dort in die anderen Seen gelangen, böte die Algenblüte ihnen ein All-you-can-eat-Buffet, fürchten Biologen. Die gefräßigen Karpfen könnten zwar helfen, die Algen zurückzudrängen, würden dabei aber bei Anglern beliebte Fischarten wie den Glasaugenbarsch und den amerikanischen Flussbarsch verdrängen.

»Im Eriesee würden wir wahrscheinlich die stärksten Auswirkungen sehen«, vermutete Irons.

Während wir uns unterhielten, zerlegte ein großer Mann in der Mitte des Zeltes einen Silberkarpfen. Eine Gruppe von Zuschauern hatte sich um ihn geschart.

»Sehen Sie, ich setze das Messer schräg an«, erklärte Clint Carter den versammelten Zuschauern. Er hatte den Fisch enthäutet und schnitt nun lange Streifen Fleisch aus den Flanken.

»Sie können sie zerkleinern und daraus Fischpasteten oder Fischfrikadellen machen«, schlug er vor. »Sie werden keinen Unterschied zu einer Lachsfrikadelle schmecken.«

In Asien essen die Menschen schon seit Jahrhunderten gern Karpfen. Aus diesem Grund hat man die »vier berühmten heimischen Fischarten« dort ja gezüchtet, und zumindest indirekt wurden amerikanische Biologen in den sechziger Jahren nur deshalb auf sie aufmerksam. Als eine Gruppe amerikanischer Wissenschaftler vor einigen Jahren nach Schanghai reiste, um mehr über diese Fischarten zu erfahren, brachte die *China Daily* einen Artikel unter der Überschrift: »Asiatische Karpfen: Gift für Amerikaner, eine Delikatesse für Chinesen«.[28]

»Chinesen essen diesen schmackhaften Fisch, der eine reiche Nährstoffquelle ist, seit Urzeiten«, hieß es in dem Artikel, der mit Fotos verschiedener appetitlich wirkender Gerichte wie einer cremigen Karpfensuppe und gedünstetem Karpfen mit Chilisauce illustriert war. »Einen ganzen Karpfen zu servieren ist in der chinesischen Kultur ein Symbol für Wohlstand«, schrieb die Zeitung. »Bei einem Festessen ist es üblich, den ganzen Fisch als Letztes aufzutischen.«

China bietet sich als Markt für Amerikas asiatische Karpfen an. Das Problem ist, dass man den Fisch für den Export einfrieren müsste, aber die Chinesen ihren Fisch lieber frisch kaufen, wie Irons mir erklärte. Dagegen schrecken die vielen Gräten Amerikaner ab. Marmor- und Silberkarpfen haben zwei Reihen dieser Bindegewebsverknöcherungen, die eine Y-Form besitzen und ein grätenfreies Filet nahezu unmöglich machen.

»Wenn die Leute ›asiatischer Karpfen‹ – geradezu ein Schimpfwort – hören, reagieren sie mit ›Igitt‹«, sagte Irons. Aber wenn sie ihn probieren, ändern sie ihre Meinung. Irons erinnerte sich, dass das Illinois Department of Natural Resources auf der Illinois State Fair, einer Messe für landwirtschaftliche und industrielle Produkte des Bundesstaates, Corn Dogs – in Teighülle ausgebackene Würstchen – auf Karpfenbasis anbot: »Alle liebten sie.«

Carter, der einen Fischmarkt in Springfield betreibt, ist ebenso wie Irons ein begeisterter Verfechter von Karpfen als Speisefisch. Er erzählte mir, dass ein springender Karpfen einem seiner Freunde die Nase gebrochen hatte und dieser sich in der Folge einer Augenoperation unterziehen musste.

»Wir müssen sie in den Griff bekommen«, sagte Carter. »Wenn man Millionen und Zigmillionen Pfund Karpfen fangen kann, wird das schon helfen, und die einzige Möglichkeit, das zu machen, ist, eine Nachfrage danach zu schaffen.« Er nahm die Streifen, die er geschnitten hatte, rollte sie in Paniermehl und frittierte sie. Es war ein warmer Spätsommertag, und mittlerweile schwitzte er stark. Als die Streifen fertig waren, bot er sie rundum als Kostprobe an, die allgemeine Zustimmung fand.

»Schmeckt wie Hähnchen«, hörte ich einen Jungen sagen.

Um die Mittagszeit tauchte ein Mann in weißer Kochjacke im Zelt auf. Alle nannten ihn Chef Philippe, mit vollem Namen hieß er Philippe Parola. Ursprünglich stammte er aus Paris, lebte aber inzwischen in Baton Rouge und hatte die dreizehnstündige Autofahrt – die er angeblich in zehn geschafft hatte – in den Norden von Illinois auf sich genommen, um seine eigene Vorstellung von einem Mordsgericht zu bewerben.

Parola rauchte eine dicke Zigarre. Er verteilte weitere Werbegeschenke – T-Shirts mit dem Bild eines Zigarre rauchenden Karpfens, der alarmiert eine Bratpfanne beäugte. Auf dem Rücken des Shirts stand: »Rettet unsere Flüsse«. Außerdem hatte er eine große Kiste mitgebracht, die auf einer Seite den Aufdruck »Die Lösung für asiatische Karpfen« trug. Darunter stand: »Wenn du sie nicht besiegen kannst, iss sie!« In der Kiste waren Fischküchlein, die aussahen wie riesige Frikadellen.

»Auf einem kleinen Spinatbett mit etwas Sahnesoße können sie als Vorspeise serviert werden«, warb Parola in seinem starken französischen Akzent und reichte eine Platte mit den Fischfrikadellen herum. »Zwei davon mit Pommes frites und Cocktailsoße lassen sich im Footballstadion anbieten. Bei einem Hochzeitsempfang kann man sie auf einem Tablett anrichten. Das Produkt ist unglaublich vielseitig.«

Wie Parola mir erzählte, hatte er nahezu zehn Jahre gebraucht, seine Frikadellen zu entwickeln. Die meiste Zeit hatte er sich den Kopf über das Grätenproblem zerbrochen. Er hatte es mit speziellen Enzymen und mit aus Island importierten Hightech-Entgrätungsmaschinen probiert; herausgekommen war bloß Karpfenbrei. »Jedes Mal wenn ich daraus etwas zu kochen versuchte, wurde es grau und schmeckte wie Pastrami«, erinnerte er sich. Letztlich kam er zu dem Schluss, dass man den Fisch von Hand entgräten musste, aber da die Lohnkosten in den Vereinigten Staaten zu hoch waren, würde er die Arbeit auslagern müssen.

Die Frikadellen, die er zum Karpfenfest mitgebracht hatte, waren aus Fischen hergestellt, die man in Louisiana gefangen, anschließend eingefroren und nach Ho-Chi-Minh-Stadt in Vietnam transportiert hatte. Dort hatte man die Karpfen aufgetaut, verarbeitet, vakuumverpackt, wieder eingefroren und in einem Containerschiff nach New Orleans gebracht. Als Zugeständnis an die amerikanischen Vorurteile gegen Karpfen hatte Parola die Fischart umbenannt in »Silverfin« und sich den Namen als Handelsmarke schützen lassen.

Es war schwer zu sagen, wie viele Kilometer Parolas »Silverfins« auf ihrer Reise vom Setzling zum Fingerfood zurückgelegt hatten, aber ich schätze, es müssen gut 30 000 gewesen sein. Und dabei ist die Reise nicht mitgezählt, die ihre Vorfahren erstmals in die Vereinigten Staaten brachte. War das tatsächlich die »Lösung für den asiatischen Karpfen«? Ich hatte so meine Zweifel. Aber als das Tablett mit den Fischbällchen mich erreichte, nahm ich mir zwei. Sie waren wirklich recht schmackhaft.

2

Der New Orleans Lakefront Airport liegt auf einer künstlich auf-
geschütteten Landzunge im Lake Pontchartrain. Das Terminal, ein
Art-déco-Bau, galt in seiner Entstehungszeit 1934 als hochmodern.
Heute kann man es für Hochzeiten mieten. Die Landebahn wird
für kleine Flugzeuge genutzt, und so bin auch ich einige Monate
nach dem Karpfenfest hierhergekommen, nämlich als Passagierin
in einer viersitzigen Piper Warrior.

Der Eigentümer und Pilot des Flugzeugs war ein Anwalt im
Teilruhestand, der gern jeden Vorwand nutzte, um zu fliegen. Wie
er mir erzählte, bot er oft seine ehrenamtlichen Dienste an, wenn
gerettete Tiere transportiert werden mussten. Ohne es ausdrück-
lich zu sagen, ließ er durchblicken, dass Hunde ihm die liebsten
Passagiere waren.

Die Piper hob Richtung Norden ab, flog über den See und
drehte dann eine Schleife zurück nach New Orleans. Wir erreichten den Mississippi bei English Turn, jener Biegung, in der dieser
Fluss nahezu eine 180-Grad-Kehre macht. Dann folgten wir dem
gewundenen Flusslauf bis ins Plaquemines Parish.

Der Landkreis liegt am äußersten südöstlichen Ende von Louisiana, wo sich der breite Trichter des Mississippi-Mündungsdel-
tas zu einem schmalen Auslass verengt und Chicagos Ballast und
Treibgut schließlich ins Meer spült. Auf Landkarten wirkt das Parish wie ein dicker, muskulöser Arm, der in den Golf von Mexiko
ragt und den der Fluss wie eine Vene in der Mitte durchzieht. Am
Ende gabelt sich der Mississippi in drei Teile, die an Finger oder
Klauen erinnern und diesem Abschnitt seinen Namen geben: Bird's
Foot oder Vogelfußdelta.

Aus der Luft betrachtet, wirkt das Parish völlig anders. Wenn man es mit einem Arm vergleicht, so ist er furchtbar abgemagert und besteht fast über die gesamte Länge – von gut 100 Kilometern – praktisch nur aus der Vene. Das wenige vorhandene Land säumt in zwei dünnen Streifen den Fluss.

Als wir in einer Höhe von etwa 600 Metern über diese Gegend flogen, konnte ich Häuser, Bauernhöfe und Raffinerien auf den Landstreifen erkennen, aber nicht die Menschen, die dort leben und arbeiten. Jenseits davon lagen offene Wasserflächen und Marschland. An vielen Stellen zogen sich Kanäle kreuz und quer durch die Sumpfgebiete, vermutlich zu einer Zeit, als das Land noch fester war, angelegt, um an das Erdöl darunter zu gelangen. An einigen Stellen konnte ich die Umrisse früherer Felder ausmachen, die sich heute als rechteckige Seen präsentieren. Große weiße Wolken, die sich über dem Flugzeug bauschten, spiegelten sich unten in den schwarzen Teichen.

Plaquemines Parish steht in dem – bestenfalls zweifelhaften – Ruf, zu den am schnellsten untergehenden Orten der Erde zu gehören. Jeder, der dort lebt – und das sind immer weniger Menschen –, kann eine Stelle im Wasser aufzeigen, an der früher ein Haus oder eine Jagdhütte stand. Das gilt sogar für Teenager. Vor einigen Jahren löschte die National Oceanic and Atmospheric Administration offiziell 31 Ortsnamen im Plaquemines Parish, darunter Bay Jacquin und Dry Cypress Bayou, weil es diese Orte schlicht nicht mehr gab.[1]

Was in Plaquemines passiert, geschieht an der gesamten Küste. Seit den dreißiger Jahren ist Louisiana um mehr als 5000 Quadratkilometer geschrumpft. Hätten Delaware oder Rhode Island eine so große Landfläche verloren, besäßen die Vereinigten Staaten nur noch 49 Bundesstaaten. Alle eineinhalb Stunden verliert Louisiana weiteres Land von der Größe eines Footballfeldes. Alle paar Minuten geht die Fläche eines Tennisplatzes unter. Auf Landkarten mag die Form des Bundesstaats immer noch einem Stiefel ähneln. In

Wirklichkeit ist der untere Teil dieses Stiefels jedoch zerfetzt: Ihm fehlt nicht nur die Sohle, sondern auch die Ferse und ein Gutteil des Spanns.

Diverse Faktoren schüren diese »Landverlustkrise«, wie man es mittlerweile nennt. Aber der entscheidende Aspekt ist ein Wunder der Ingenieurskunst. Was für die Metropolregion Chicago der springende Karpfen ist, sind die untergegangenen Felder für die Landkreise in der Umgebung von New Orleans: ein Beleg für eine von Menschen gemachte Naturkatastrophe. Man hat Tausende Kilometer Deiche, Hochwasserschutzwände und Uferbefestigungen gebaut, um den Mississippi in Schach zu halten. Das Army Corps of Engineers brüstete sich einmal: »Wir haben ihn nutzbar gemacht, begradigt, reguliert, gebändigt.«[2] Dieses riesige System, das geschaffen wurde, um Louisiana trocken zu halten, ist der Grund, dass die Region zerfällt wie ein alter Schuh.

Und so ist denn eine neue Runde öffentlicher Bauprojekte im Gang. Wenn Kontrolle das Problem ist, dann muss nach der Logik des Anthropozäns die Lösung in mehr Kontrolle bestehen.

Wer im Plaquemines Parish oder nahezu überall in Südlouisiana zu graben anfängt, stößt auf Moorboden, dessen Konsistenz manche mit warmem Wackelpudding vergleichen. Schon bald füllt sich das Loch mit Wasser. Daher lassen sich Gegenstände wie Särge nur schwer unter der Erde halten, weshalb man in New Orleans Verstorbene in Gruften beisetzt. Gräbt man weiter, stößt man irgendwann auf Sand und Lehm, dann auf mehr Sand und Lehm, und das wiederholt sich bis in eine Tiefe von zig Metern – und an manchen Stellen sogar von Hunderten Metern. Außer den Steinen, die man zur Deich- und Straßenbefestigung in diese Region gebracht hat, gibt es in Südlouisiana keine Steine.

Auch die Sand- und Lehmschichten wurden gewissermaßen importiert. Vorformen des Mississippi flossen seit Millionen Jahren durch dieses Gebiet und brachten fortwährend riesige Sediment-

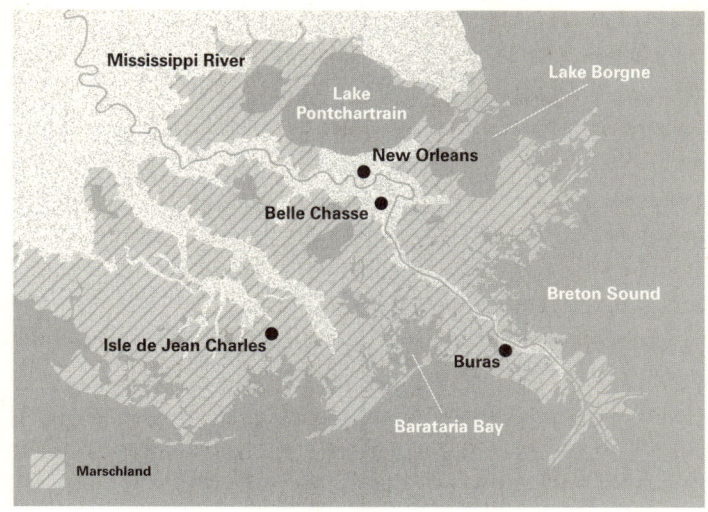

Ein Großteil Südlouisianas ist mittlerweile überflutet.

ladungen mit – als die Vereinigten Staaten Napoleon Louisiana abkauften, waren es jährlich etwa 400 Millionen Tonnen.[3] »Ich weiß nur wenig über Götter; aber ich denke, der Strom / Ist ein starker brauner Gott«, schrieb T. S. Eliot.[4] Immer wenn der Fluss über die Ufer trat – was er früher praktisch in jedem Frühjahr tat –, verteilte er seine Sedimente auf der Ebene. Jahr für Jahr, Schicht für Schicht lagerten sich Lehm, Sand und Schlamm ab. So trug der »starke braune Gott« die Küste Louisianas stückchenweise aus Illinois, Iowa, Minnesota, Missouri, Arkansas und Kentucky zusammen.

Da der Mississippi ständig Sedimente ablagert, verändert er fortwährend seinen Lauf. Wenn die Ablagerungen sich anhäufen, behindern sie den Fluss, der sich daraufhin schnellere Wege zum Meer sucht. Die dramatischste Verlagerung des Flussbettes bezeichnet man als Ausriss oder Avulsion. In den vergangenen 70 000 Jahren kam es im Mississippi sechs Mal zu solchen Ausrissen, und je-

45

des Mal hinterließ er ein neues Stück Land. Lafourche Parish blieb von dem Sedimentfächer oder Delta Lobe übrig, den er während der Herrschaft Karls des Großen ablagerte. Das westliche Terrebonne Parish ist der Rest eines Sedimentfächers, der in der Zeit der Phöniker entstand. Die Stadt New Orleans liegt auf einem Fächer – St. Bernard –, der sich um die Zeit des Pyramidenbaus bildete. Zahlreiche noch viel ältere Delta Lobes liegen mittlerweile unter Wasser. Der Mississippi-Fächer, ein riesiger Sedimentkegel aus der Eiszeit, befindet sich heute im Golf von Mexiko. Er ist größer als der gesamte Bundesstaat Louisiana und an manchen Stellen über 3000 Meter dick.

Auf dieselbe Weise entstand das Plaquemines Parish, das geologisch jedoch das Baby in dieser Familie ist. Es begann sich vor 1500 Jahren nach dem letzten großen Ausriss des Flusses zu bilden. Da es der jüngste Sedimentfächer ist, sollte man meinen, er sei auch der langlebigste, aber genau das Gegenteil ist der Fall. Der weiche, wackelpuddingartige Boden des Deltas wird im Laufe der Zeit entwässert und verdichtet sich. Die jüngsten, nasseren Schichten verlieren am schnellsten an Masse, denn sobald ein Sedimentfächer zu wachsen aufhört, fängt er an abzusinken. In Südlouisiana gilt für jeden Ort, dass, »wer nicht gerade geboren wird, gerade stirbt«, um eine Songzeile von Bob Dylan zu entlehnen.[5]

Eine derart veränderliche Landschaft ist schwer zu besiedeln. Dennoch lebten amerikanische Ureinwohner bereits in diesem Flussdelta, als es noch im Werden war. Soweit Archäologen feststellen konnten, bestand ihre Strategie, mit den Wechselfällen des Flusses umzugehen, in Anpassung. Wenn der Mississippi über die Ufer trat, suchten sie höher gelegene Gebiete auf. Wenn er seinen Lauf änderte, folgten sie ihm.

Als die Franzosen ins Mississippi-Delta kamen, zogen sie die dort lebenden Stämme zurate. Im Winter 1700 errichteten sie am heutigen Ostufer im Plaquemines Parish ein hölzernes Fort. Pierre Le Moyne d'Iberville, der Kommandant des Forts, hatte sich von einem Führer der Bayagoula versichern lassen, der Standort sei trocken.[6] Ob es sich dabei nun um eine absichtliche Falschaussage oder lediglich um ein Missverständnis handelte – »trocken« ist in Südlouisiana ein relativer Begriff –, sei dahingestellt, jedenfalls wurde die Anlage schon bald überflutet. Ein Priester, der das Fort im folgenden Winter besuchte, stellte fest, dass die Soldaten »knietief« durch Morast zu ihren Hütten waten mussten.[7] Daher gab man das Fort 1707 auf. »Ich sehe nicht, wie sich an diesem Fluss Siedler ansiedeln lassen könnten«, schrieb Ibervilles Bruder Jean-Baptiste Le Moyne de Bienville den Behörden in Paris als Erklärung für den Rückzug.[8]

Trotz seiner kalten, nassen Füße gründete Bienville 1718 New Orleans. Wegen ihrer von Wasser geprägten Umgebung erhielt die neue Siedlung den Namen L'Isle de la Nouvelle Orléans. Wenig überraschend, beschlossen die Franzosen, sie auf den am höchsten gelegenen Arealen zu errichten. Allerdings befanden diese sich gegen jede Intuition unmittelbar am Ufer des Mississippi auf Erhebungen, die der Fluss selbst geschaffen hatte. Denn bei Hochwasser lagern sich Sand und andere schwere Partikel tendenziell zuerst ab und schaffen so natürliche Deiche.

Ein Jahr nach ihrer Gründung erlebte die Isle de la Nouvelle Orléans ihr erstes Hochwasser. »Der Ort steht einen halben Fuß hoch unter Wasser«, schrieb Bienville.[9] Er sollte sechs Monate lang überflutet bleiben. Aber statt erneut den Rückzug anzutreten, gruben die Franzosen sich ein. Sie schütteten künstliche Deiche auf den natürlichen auf und begannen, Entwässerungskanäle durch den Morast zu graben. Diese Knochenarbeit erledigten überwiegend afrikanische Sklaven. In den 1730er Jahren erstreckten sich die von Sklaven gebauten Deiche an beiden Ufern des Mississippi über eine Länge von annähernd achtzig Kilometern.[10]

Diese frühen Deiche aus holzbewährter Erde versagten häufig. Aber sie begründeten ein Handlungsmuster, das sich bis heute hält. Da die Stadt ihre Lage nicht nach dem Fluss richten würde, musste man dafür sorgen, dass der Fluss blieb, wo er war. Mit jedem Hochwasser wurden die Deiche verbessert – höher, breiter und länger gemacht. Zur Zeit des Britisch-Amerikanischen Krieges 1812 waren sie etwa 250 Kilometer lang.[11]

Einige Tage nach meinem Flug über Plaquemines Parish schaute ich wieder auf einen Landkreis hinunter. Der Mississippi-Pegel stieg rasant, und es herrschte Sorge, dass die Fluttore eines Hochwasserüberlaufs flussaufwärts von New Orleans nicht funktionierten. Wenn der Wasserstand weiter steigen sollte und die Fluttore sich nicht öffneten, würden die Stadt und die flussabwärts liegenden Orte überflutet werden. Ich war mit mehreren Ingenieuren zusammen, die allmählich nervös wurden. Auch ich war angespannt, wenn auch nur ein bisschen, da der Mississippi unter uns nur etwa zwölf Zentimeter breit war.

Das Center for River Studies, ein Außenposten der Louisiana State University, ist in Baton Rouge nicht weit vom Mississippi entfernt in einem Gebäude untergebracht, das Ähnlichkeit mit einem Eishockeystadion hat. Das Herzstück des Zentrums ist eine Nachbildung des Mississippi-Deltas im Maßstab 1:6000 von der Kleinstadt Donaldsonville im Ascension Parish bis zur Spitze von Bird's Foot. Das Modell besteht aus maschinell bearbeitetem Hartschaum, der die Topografie der Region mit allen von Menschen geschaffenen Elementen wie Deichen, Hochwasserüberläufen und -schutzwänden abbildet. Es hat die Größe von zwei Basketballfeldern und ist stabil genug, dass man darauf stehen kann. Aber wenn das Modell in Betrieb ist, wie es der Fall war, als ich dort auftauchte, kann man kaum mehr als ein paar Schritte machen. Große Pfützen stellen den Lake Pontchartrain und den Lake Borgne dar, die eigentlich keine Seen, sondern Brackwasserlagunen sind. Weitere Lachen stehen für Barataria Bay und Breton Sound, Meeresarme des Golfs von Mexiko, und andere für verschiedene Bayous und Altarme. Ich zog meine Schuhe aus und versuchte, von New

Orleans bis an die Küste zu gehen. Bis ich English Turn erreichte, hatte ich bereits nasse Füße und stopfte meine durchnässten Socken in die Tasche.

Das Deltamodell ist eine Art Reliefkarte der Zukunft und soll den Landverlust und den Anstieg des Meeresspiegels simulieren, um Strategien für den Umgang mit diesen Phänomenen zu testen. An einer der Wände des Zentrums prangte eine Maxime, die Albert Einstein zugeschrieben wird: »Probleme kann man niemals mit derselben Denkweise lösen, durch die sie entstanden sind.«

Bei meinem Besuch war das Modell noch so neu, dass es noch kalibriert wurde. Dazu simulierte man gut dokumentierte frühere Katastrophen wie das Hochwasser von 2011. In jenem Frühjahr hatten eine starke Schneeschmelze und wochenlange Regenfälle im gesamten Mittleren Westen den Wasserstand in Rekordhöhen getrieben. Um New Orleans zu entlasten, hatte das Army Corps of Engineers den Bonnet Carré Spillway, einen Hochwasserüberlauf knapp fünfzig Kilometer flussaufwärts der Stadt, geöffnet. (Er leitet Wasser in den Lake Pontchartrain ab; wenn sämtliche Fluttore geöffnet sind, fließt dort mehr Wasser als in den Niagarafällen.) Im Modell waren die Fluttore durch kleine Messingstreifen an Kupferdrähten dargestellt. Weil die Tore bei früheren Tests geklemmt hatten, hatte man dort einen Ingenieur auf einem Klappstuhl postiert, der sie überwachen sollte. Er sah aus wie ein moderner Gulliver, der sich über einen ertrinkenden Liliputaner beugte. Auch er hatte nasse Socken, fiel mir auf.

In der Modellwelt schrumpfen Raum und Zeit. Im Zeitraffer vergeht ein Jahr in einer Stunde, ein Monat in fünf Minuten. Während ich zusah, stieg der Wasserstand des Flusses immer weiter. Sehr zur Erleichterung der Ingenieure öffneten sich dieses Mal die Fluttore des winzigen Bonnet Carré. Wasser floss aus dem Mississippi in den Überlauf, und New Orleans war zumindest vorerst gerettet.

Der Mini-Mississippi speiste sich aus zwei Behältern, einem mit klarem Wasser und einem anderen mit Schlamm des Little Muddy. Allerdings handelte es sich nicht um echten Schlamm, sondern um eine aus Frankreich importierte Sedimentnachbildung, die aus fein gemahlenen Kunststoffpellets bestand – winzigen, halbmillimeter-großen Pellets für große Sandkörner und noch winzigeren für feinere Partikel. Das Sediment war pechschwarz und hob sich von dem leuchtend weiß lackierten Flussbett und seiner ebenso weißen Umgebung ab.

Während der Schlammflut wurden einige der Pellets durch den Hochwasserüberlauf in den Lake Pontchartrain gespült. Andere sanken auf das Flussbett und bildeten dort Mini-Untiefen und kleine Sandbänke. Die meisten rauschten an New Orleans vorbei und um English Turn herum. In den Kanälen von Bird's Foot war die Dichte der simulierten Sedimente so hoch, dass sie wie mit Tinte gefüllt wirkten. Diese Tintenmischung strömte in dunklen Wirbeln in den Golf von Mexiko, wo sie jenseits vom Kontinentalschelf verschwunden wären, wenn es sich um echtes Sediment gehandelt hätte.

Hier zeigte sich in Schwarz-Weiß Louisianas Landverlustdilemma. Bevor es Fluttore und Hochwasserüberläufe gab, wären der Mississippi und seine Nebenflüsse in einem besonders nassen Frühjahr wie 2011 über die Ufer getreten. Das Hochwasser hätte zwar Verwüstungen angerichtet, aber auch zig Millionen Tonnen Sand und Lehm über Tausende Quadratkilometer Land verteilt. Die neuen Sedimente hätten eine neue Bodenschicht gebildet und damit der Absenkung des Landes entgegengewirkt.

Dank der Intervention der Ingenieure hatte es keine Überflutung, keine Verwüstungen und somit keine Landbildung gegeben. Stattdessen war die Zukunft Südlouisianas ins Meer hinausgespült worden.

Gleich neben dem Center for River Studies hat die Küstenschutzbehörde von Louisiana, die Coastal Protection and Restoration

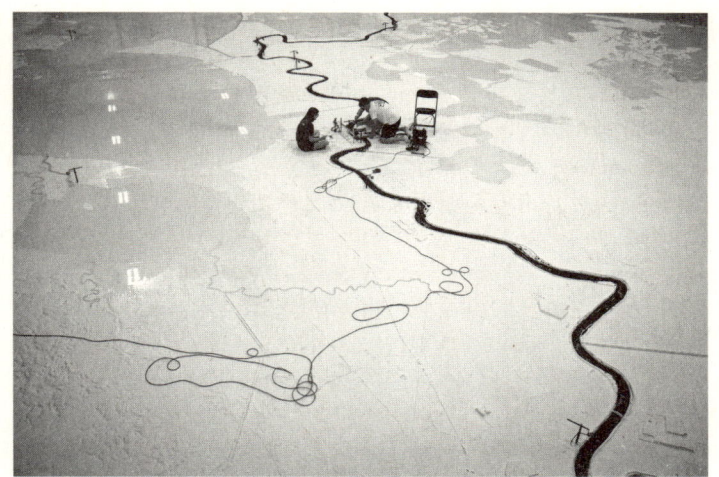

Das Modell der Louisiana State University bildet den Unterlauf des Mississippi in Miniaturform nach.

Authority (CPRA), ihren Hauptsitz. Sie wurde 2005 geschaffen, einige Monate nachdem Hurrikan Katrina New Orleans überflutet und über 800 Menschenleben gefordert hatte. Offizielle Aufgabe der Behörde ist es, »Projekte zum Schutz, zur Bewahrung, Verbesserung und Restaurierung der Küstengebiete des Bundesstaates« umzusetzen – eine beschönigende Formulierung für den Auftrag, zu verhindern, dass diese Region verschwindet.

Als ich in Baton Rouge war, traf ich mich mit zwei Ingenieuren von der Coastal Protection and Restoration Authority am Mississippi-Modell. Während wir uns unterhielten, schaltete jemand Projektoren an der Decke ein. Plötzlich wurden die Felder des Plaquemines Parish grün und der Golf von Mexiko blau. Zwischen dem Mississippi und Lake Pontchartrain leuchtete eine Satellitenaufnahme von New Orleans auf. Die Wirkung war verblüffend, wenn auch ein bisschen unheimlich wie der Moment, in dem Dorothy aus dem sepiafarbenen Kansas in das Land Oz eintritt.

»Sie sehen, dass es in Plaquemines nicht viel Land gibt«, stellte Rudy Simoneaux, einer der Ingenieure, fest. Er trug ein Shirt mit eingesticktem CPRA-Emblem: ein Kreis mit Marschland auf der einen und Wellen auf der anderen Seite, getrennt durch eine schwarze Hochwassermauer. »Es ist irgendwie beängstigend, wenn man sich dieses Modell anschaut und erkennt, wie nahe wir alle dem Wasser sind.«

Simoneaux und sein Kollege Brad Barth hatten an diesem Abend eine öffentliche Veranstaltung in Plaquemines Parish anberaumt. Nachdem wir eine Weile den Miniaturfluss bewundert hatten, machten wir uns daher auf den Weg zum echten Mississippi. Unser Ziel war Buras, eine Gemeinde gut 15 Kilometer nördlich von Bird's Foot. Wir erreichten Belle Chasse, den größten Ort des Landkreises, gerade rechtzeitig, um zum Mittagessen Po'Boys, eine traditionelle Sandwichart der Cajun-Küche, zu essen. Anschließend fuhren wir auf der State Route 23, der einzigen Durchgangsstraße des Landkreises am Westufer des Mississippi, nach Süden, vorbei an einer Raffinerie von Phillips 66, einer Baumschule für Zitruspflanzen und Feldern, die so flach und grün waren wie Billardtische.

Ein Großteil des Plaquemines Parish liegt tiefer als der Meeresspiegel – »six feet under«, sagen die Leute hier manchmal. Das ermöglichen vier verschiedene Deichanlagen: jeweils eine an jedem Flussufer und zwei weitere – die sogenannten »back levees« –, die den Landkreis vor eindringendem Hochwasser vom Golf schützen. Die Deiche halten jedoch nicht nur von außen eindringendes Wasser fern, sondern verhindern auch ein Abfließen des dahinter vorhandenen Wassers. Wenn sie brechen oder überflutet werden, läuft der Landkreis voll wie zwei lange, schmale Badewannen.

Plaquemines Parish wurde von Hurrikan Katrina verwüstet, der in Buras auf Land traf, und erneut einige Wochen später von Hurrikan Rita, dem stärksten Sturm, der je über dem Golf von Mexiko verzeichnet wurde. Nach dieser Doppelkatastrophe war die

Route 23 noch monatelang von angespülten Fischerbooten blockiert. In den Bäumen hingen Rinderkadaver. Aus Sorge vor neuerlichen Katastrophen stehen öffentliche Gebäude im Landkreis auf unglaublichen Pfeilerkonstruktionen. Wo andere Schulen vielleicht eine Turnhalle oder eine Cafeteria im Erdgeschoss haben, verfügt die South Plaquemines High School über genügend Freiflächen, um eine ganze Sattelschlepperflotte zu parken. (Das Maskottchen der Schule ist ein wirbelnder Hurrikan.) Viele Wohnhäuser im Kreis stehen ebenfalls erhöht. Bei einem Haus, an dem wir vorbeikamen, ragten die Stützpfeiler in besonders schwindelerregende Höhen auf; Simoneaux schätzte, dass sie über neun Meter hoch waren.

»Das ist wirklich hoch«, stellte er fest. Wir fuhren am Fluss entlang, aber jenseits des Deiches, daher war der Mississippi über weite Strecken hinweg nicht zu sehen. Gelegentlich tauchte ein Schiff im Blickfeld auf. Von der Straße aus schien es nicht im Wasser zu schwimmen, sondern in der Luft zu schweben wie ein Zeppelin.

In der Nähe von Ironton bog Simoneaux vom Highway in einen Schotterweg ein. Wir hielten an und kletterten über einen Stacheldrahtzaun auf ein brachliegendes Feld. Es war ein schwüler Tag, und das von Pfützen übersäte Feld roch modrig. Fliegen brummten träge in der stickigen Nachmittagsluft.

Das Land, auf dem wir standen, gehörte zu einem Projekt mit der Bezeichnung BA-39. Wie Simoneaux erklärte, war dieses Flurstück wie der Rest des Deltas aus dem Mississippi entstanden, nur nicht auf die übliche Weise. »Stellt euch einen riesigen Bohrer von 2,40 Meter Durchmesser am Grund des Flusses vor«, sagte er. Bei seinen Bohrungen hatte er Sand und Schlamm gefördert, den starke, von Dieselmotoren getriebene Pumpen durch ein Stahlrohr von siebeneinhalb Metern Durchmesser gejagt hatten. Das Rohr reichte vom Westufer des Mississippi acht Kilometer weit über den Flussdeich, unter der Route 23 durch, über einige Viehweiden und die Meeresdeiche bis in das flache Becken der Barataria Bay. Dort hatte sich der Schlamm angehäuft und war von Bulldozern verteilt worden.

BA-39 hatte belegt, was genügend Rohre, Pumpen und Dieseltreibstoff leisten konnten – nicht dass es dafür weiterer Beweise bedurft hätte. Annähernd eine Dreiviertelmillion Kubikmeter Sedimente hatten so den acht Kilometer langen Weg hierhergefunden und 75 Hektar Sumpfland geschaffen – oder vielmehr wieder geschaffen. Hier waren alle Vorzüge der Überflutung vereint, allerdings ohne die unschönen Nebenwirkungen: überflutete Zitrusplantagen, ertrunkene Menschen, Rinderkadaver in Bäumen. »Wir haben Jahrhunderte der Landgewinnung in einem Jahr geschafft«, stellte Simoneaux fest. Die Kosten für das Projekt beliefen sich auf sechs Milliarden Dollar, nach meiner Berechnung hatte der halbe Hektar Land, auf dem wir standen, demnach etwa 30 000 Dollar gekostet. Der »umfassende Masterplan« der CPRA fordert Dutzende weitere dieser »Marschbildungsprojekte«, die jeweils Millionen und in einigen Fällen zig Millionen Dollar kosten. Aber Louisiana steckt wie Alice hinter den Spiegeln im Rennen gegen die Schwarze Königin fest und muss doppelt so schnell laufen, um mitzuhalten. Um den Landverlust auszugleichen, müsste der Bundesstaat alle neun Tage ein neues Projekt BA-39 fertigstellen. Nachdem man inzwischen den Bohrer entfernt, die Pumpen abgeschaltet und die Rohre abgebaut hat, beginnt das künstlich geschaffene Marschland wieder an Wasser zu verlieren und abzusinken. Nach den Projektionen der Küstenschutzbehörde wird BA-39 innerhalb eines Jahrzehnts wieder untergegangen sein.

Wir erreichten Buras gegen 15 Uhr und bogen an einem Schild mit der Aufschrift »Cajun Fishing Adventures« ab. Es zeigte Enten und Fische, die in die Luft sprangen, als hätte eine Explosion sie aufgeschreckt. Hinter einem Palmenhain stand eine A-förmige Hütte mit einem Teich dahinter.

Ryan Lambert, ein Fisch- und Wild-Führer und Eigentümer der Hütte, kam heraus, um uns zu begrüßen. »Ich möchte den Leuten beibringen, nicht auf Propaganda zu hören«, erklärte er seine Bereitschaft, das Treffen an diesem Abend zu veranstalten. »Ich möchte, dass sie es sich selbst anschauen.« Zu diesem Zweck hatte er eine kleine Bootsflotte für eine Rundfahrt auf dem Mississippi organisiert. Ich schloss mich einer Gruppe an, zu der ein Reporter des örtlichen Fox-News-Studios und Lamberts großer schwarzer Hund gehörten.

Draußen auf dem Wasser war es einige Grad kälter als am Ufer. Eine steife Brise ließ die Ohren des Hundes flattern wie Fähnchen. Als wir ins Kielwasser eines anderen Bootes gerieten, fiel der Fox-News-Reporter, der eine Kamera auf den Schultern zu balancieren versuchte, beinahe über Bord.

Anders als am Westufer des Mississippi, wo die Deiche im Plaquemines Parish sich bis nach Bird's Foot erstrecken, hören sie am Ostufer dort auf, wo sich der Ellbogen befände, wenn der Landkreis ein Arm wäre. Südlich dieses Ellbogens tritt der Fluss regelmäßig über die Ufer. Gelegentlich gräbt er einen neuen Kanal, lässt Wasser und Sedimente in neue Richtungen fließen und schafft neues Land.

»Alles, was Sie vor sich sehen, war früher offenes Meer«, erklärte Lambert, als wir an einem breiten Grünlandstreifen vorbeiglitten. »Jetzt ist es üppig grün und schön.« Seine verspiegelte Sonnenbrille reflektierte die niedrig stehende Nachmittagssonne und den teefarbenen Fluss.

»Schauen Sie sich all die neuen Weiden an!«, rief er. Mit einer Hand steuerte er das Boot, mit der anderen deutete er auf die Umgebung. »Sehen Sie sich die Vögel an!« Der Fox-Reporter erkundigte sich nach dem Namen dieses Landstrichs.

»Das ist schwer zu sagen, denn er hat keinen Namen, weil er neu ist«, antwortete Lambert. »Das ist das neueste Stück Land der Welt!«

Wir fuhren durch namenlose Bayous. Ein großer Alligator, der sich auf einem Baumstamm gesonnt hatte, ließ sich ins Wasser fallen, als wir vorbeifuhren. »Ist das nicht herrlich?«, fragte Lambert immer wieder. »Wenn ich hierherkomme, fühle ich mich großartig. Wenn ich ans Westufer rübergehe, möchte ich mich übergeben.« Das neu entstandene Marschland strömte den Duft nach frisch gemähtem Gras aus. In der Ferne konnte ich die Silhouette einer riesigen Ölplattform im Golf von Mexiko ausmachen.

Als wir in die Lodge am Westufer zurückkehrten, sollte die Veranstaltung gleich beginnen. In einem Raum, der mit einem Wapitikopf, einem ausgestopften Eichhörnchen und mehreren Fischen in sensationellen Posen dekoriert war, war eine Leinwand aufgebaut. Etwa fünfzig Leute waren gekommen, einige saßen auf Sofas, andere lehnten unter dem Wapiti und den Fischen an der Wand.

Barth begann mit einer Bildpräsentation. Er erklärte die Geologie der Region – wie die Küste über Jahrtausende hinweg entstanden war, Deltafächer für Deltafächer, während der Mississippi sich ständig neue Wege gebahnt hatte. Dann legte er das Problem dar: Wie sollten zwei Millionen Menschen in einer Region leben, die versank und in Vergessenheit geriet? Die Landverluste waren in ihrem eigenen Hinterhof besonders akut, wie er aufzeigte. Die Umgebung von Plaquemines Parish war bereits um 1800 Quadratkilometer geschrumpft.

»Wir befinden uns in einem mühsamen Kampf gegen einen steigenden Meeresspiegel und absinkendes Land«, erklärte Barth. Die Küstenschutzbehörde CPRA würde weiter bohren und Rohre verlegen. »Wir werden versuchen, jedes Gramm Sediment aus dem Fluss zu baggern, soweit wir es nur können«, versprach er. Aber Projekte wie BA-39 waren angesichts der Größe der Herausforderung völlig unzureichend. »Wir müssen kühn sein.«

THE CREVASSE, VIEWED FROM THE LEVEE.

Zeitgenössische Darstellung des Deichbruchs
auf der Sauvé-Plantage von 1849.

Wenn der Mississippi seine natürlichen oder von Menschen gemachten Dämme durchbricht, bezeichnet man diese Breschen als
Deichbruch. Ein solches Ereignis bedeutete für New Orleans über
den größten Teil der Stadtgeschichte eine Katastrophe.

So überflutete 1735 ein Deichbruch praktisch ganz New Orleans, das damals aus 44 Häuserblocks bestand.[12] Im Mai 1849
wurde die Stadt nach einem Deichbruch bei der Sauvé-Plantage
erneut überflutet. Noch einen Monat später sah ein Reporter des
Daily Picayune, der sich von der Kuppel des St. Charles Hotel einen Überblick über New Orleans verschaffte, »eine einzige Was-
serfläche, an unzähligen Stellen von Häusern gesprenkelt«.[13] 1858
kam es in Louisiana zu 45 Deichbrüchen, 1874 zu 43 und 1882 zu
248.[14]

In der sogenannten Großen Flut von 1927 wurden 226 Deichbrüche gemeldet.[15] Dieses Hochwasser überflutete 70 000 Quadratkilometer Land in sechs Bundesstaaten, vertrieb mehr als eine
halbe Million Menschen aus ihren Häusern, verursachte einen
Schaden von schätzungsweise 500 Millionen Dollar (nach heutigem Wert über sieben Milliarden Dollar) und markierte einen äußerst nassen Wendepunkt.[16] »I woke up this morning, can't even

get out of my door« (»Ich wachte heute Morgen auf und konnte nicht einmal zu meiner Tür hinaus«), klagte Bessie Smith in ihrem Song »Backwater Blues«.

Als Reaktion auf die »Große Flut« machte der Kongress den Hochwasserschutz zur nationalen Aufgabe und übertrug ihn dem Army Corps of Engineers. Joseph Ransdell, der dienstälteste damalige US-Senator von Louisiana, bezeichnete den Flood Control Act von 1928 als das wichtigste Gesetz zur Wasserregulierung »seit der Entstehung der Welt«.[17] Das Pionierkorps baute die Deiche aus – innerhalb von vier Jahren erweiterte es sie um 400 Kilometer – und verstärkte sie.[18] (Sie wurden um durchschnittlich neunzig Zentimeter erhöht und ihr Volumen nahezu verdoppelt.) Zudem führte es eine Neuerung ein: Hochwasserüberläufe wie das Bonnet Carré. Wenn der Fluss Hochwasser führt, können die Fluttore geöffnet werden, um den Druck auf die Deiche zu verringern. In einem Gedicht, das die Bemühungen des Pionierkorps würdigte, hieß es:

Der Plan war eine technische Meisterleistung,
Ersonnen von Experten, ein großes Flachrelief
Aus Deichen, Kanälen und anderen Verbesserungen,
Vereint zu einem segensreichen Projekt.[19]

Dank dieses »segensreichen Projekts« endete die Zeit der vielen Deichbrüche. Mit dem Ende der Überflutungen war es aber auch vorbei mit der Ablagerung neuer Sedimente. Donald Davis, ein Geograf der Louisiana State University, fasste es kurz und bündig zusammen: »Der Mississippi wurde gebändigt; Land ging verloren; die Umwelt veränderte sich.«[20] Der »kühne« Plan der Küstenschutzbehörde zur Rettung von Plaquemines Parish besteht nun darin, in der Post-Dammbruch-Ära Deichbrüche zu rehabilitieren. In ihrem Masterplan fordert die Behörde, acht große Durchlässe durch die Mississippi-Deiche zu schaffen und zwei weitere durch die seines Hauptnebenflusses, des Atchafalaya. Diese Durchlässe sollen mit Fluttoren und Kanälen versehen werden, die wiederum eingedeicht sind. Die CPRA bezeichnet diese Bestrebungen gern als eine Art Renaturierung – als Möglichkeit, »den natürlichen Ablagerungsprozess von Sedimenten wiederherzustellen«. Das stimmt; allerdings nur, wenn man es als natürlich einstufen kann, einen Fluss unter Strom zu setzen.

Unter den von Menschen gemachten Deichdurchlässen ist ein Projekt am weitesten fortgeschritten, das als Mid-Barataria Sediment Diversion (Sedimentableitung in die Mitte der Barataria-Bucht) bezeichnet wird. Sie soll 180 Meter breit und neun Meter tief werden und mit einer Beton- und Steinschüttung ausgekleidet werden, die ausreichen würde, um ganz Greenwich Village zu bedecken. Die Abzweigung beginnt etwa 55 Kilometer flussaufwärts von Buras am Westufer des Mississippi und verläuft dann offenkundig entgegen der Hydrologie in einer schnurgeraden Linie vier Kilometer nach Westen in die Barataria Bay. Bei maximaler Kapazität können dort pro Sekunde gut 2000 Kubikmeter Wasser abfließen. Was die Fließmenge angeht, wird es der zwölftgrößte Fluss der Vereinigten Staaten werden. (Zum Vergleich: Im Hudson River fließen pro Sekunde durchschnittlich 560 Kubikmeter Wasser.) Bislang hat man noch nie etwas Ähnliches ausprobiert. »Es ist einzigartig«, erzählte mir Barth.

Gegenwärtig schätzt man die Kosten des Projekts auf 1,4 Milliarden Dollar. Die nächste Ableitung in die Mitte des Breton Sound, die für das Ostufer des Mississippi im Plaquemines Parish geplant ist, soll 800 Millionen Dollar kosten. Beide Ableitungsprojekte sollen aus dem Entschädigungsfonds für die Ölpest von 2010 finanziert werden, bei der, ausgelöst durch die Explosion der BP-Ölbohrplattform Deepwater Horizon, über drei Millionen Barrel Erdöl in den Golf von Mexiko austraten und die Küste von Texas bis Florida verseuchten. (Die Finanzierung für weitere acht Ableitungen, deren Planung sich noch in einem frühen Stadium befindet, ist noch nicht gesichert.)

Viele Einwohner von Plaquemines Parish wie Lambert begrüßen die Sedimentableitungen als letzte Hoffnung des Landkreises. »Alles dreht sich um die Sedimente«, erklärte mir Albertine Kimble, eine entschiedene Befürworterin dieser Projekte und eine der wenigen im Parish, die jenseits der Deiche wohnt. Allerdings gibt es auch zahlreiche Gegner. Einige Wochen vor der Veranstaltung in Buras hatte der Präsident des Plaquemines Parish einen öffentlichen Machtkampf mit der Küstenschutzbehörde CPRA inszeniert, indem er ihr die Genehmigung verweigert hatte, an der geplanten Ableitungsstelle Bodenproben zu nehmen. Die Behörde hatte sie dennoch entnommen, geschützt durch einen Polizisten des Bundesstaates.[21]

In der Lodge von Cajun Fishing Adventures klickte Barth durch die Bildfolgen, die zeigten, wo die Mid-Barataria Diversion verlaufen und wie sie gebaut werden sollte. Eine Animation offenbarte, dass es sich dabei um einen unglaublich komplexen Prozess handelte, in dem eine Eisenbahnlinie und die Route 23 verlegt und riesige Fluttore aus beweglichen Teilen zusammengesetzt werden mussten. Wenn das Bauwerk fertig wäre, könnte die Küstenschutzbehörde Überflutungen simulieren, wie Barth erklärte. Sobald der Fluss Hochwasser führte und am meisten Sand mitführte, würde man die Fluttore öffnen. Mit Sedimenten angereichertes Wasser würde durch Plaquemines Parish in die Barataria Bay fließen. Nach einigen Jahren würde sich dort genügend Sand und Schlick ablagern, dass sich halbfester Boden bilden würde. Die Sedimentableitung würde nicht durch Pumpen, sondern durch den Fluss selbst erfolgen. Im Gegensatz zu Projekten wie BA-39 würde sie Jahr für Jahr Sedimente liefern.

»Was ist der Hauptzweck, wenn wir über eine Sedimentableitung reden?«, fragte Barth. »Es geht darum, die Ablagerungen zu maximieren und das Süßwasser zu minimieren.«

In einer Ecke des Raumes hob ein Mann seine Hand. »Ich nehme mal an, dass Sie das bauen werden«, sagte er über das Mid-Barataria-Projekt. »Aber welche Schäden wird es mit sich bringen?« Trotz Barth' Versicherungen war der Mann besorgt, wie viel Süßwasser in die Bucht geleitet würde und welche Auswirkungen das für die Freizeitfischerei hätte. »Mit dem Bachsaibling ist es dann vorbei«, erklärte er.

»Wenn es ein natürlicher Deichbruch wäre, wäre ich ganz dafür«, unterstrich er. »Aber wenn wir Menschen eingreifen, kommt selten etwas Gutes dabei heraus. Deshalb sind wir ja da, wo wir heute sind.«

Bald würde es zu heiß werden.

Es war ein weiterer stickiger Tag, und ich war wieder nach New Orleans gefahren, um mich mit Alex Kolker, einem Küstengeologen, zu treffen. Er lehrt am Louisiana Universities Marine Consortium und organisiert als pädagogische Nebenbeschäftigung gelegentlich Radtouren durch die Stadt. Im Gegensatz zu konventionelleren Stadtführungen, die Geister, Voodoo und Piraten in den Vordergrund rücken, legt er den Schwerpunkt auf Gewässerkunde. Er hatte sich bereiterklärt, mir eine solche Führung zu geben, hatte allerdings gewarnt, dass wir früh aufbrechen müssten. Um die Mittagszeit würden die Straßen zur Sauna.

»Diese Stadt wurde weitgehend vom Fluss gestaltet«, stellte Kolker fest, als wir im Garden District losfuhren, der noch im Tiefschlaf lag. »Die Geschichte ist, kurz gesagt, dass die höher gelegenen Gebiete in Flussnähe sind und der tiefer liegende Grund aus ehemaligen Sümpfen und altem Marschland besteht.« Wir radelten auf der Josephine Street nach Norden, fort vom Mississippi und unmerklich bergab. Die schmalen, lang gestreckten Shotgun Houses in unterschiedlichem Erhaltungszustand wichen vornehmen Villen.

Kolker bremste an einem riesigen Schlagloch, das mit Asphalt geflickt war. Aber der Asphaltflicken hatte bereits ein neues Schlagloch gebildet. »Die Bodenabsenkung erfolgt in unterschiedlichen Größenordnungen«, stellte er fest. »Es gibt sie im großen Maßstab, bei dem sich die alten Marschgebiete absenken. Und dann gibt es kleinere Senken wie diese hier.« Ein Stück weiter kamen wir an einen Kanaldeckel, der wie ein Türmchen über die Straßendecke hinausragte.

»Wahrscheinlich ist der Kanalschacht verankert, damit er nicht absinkt oder sich zumindest nicht so schnell senkt wie der Boden rundherum«, erklärte Kolker. Auf einem Schild in der Nähe stand »Evakuierungsroute«.

In den auf Touristen zugeschnittenen, heiteren Darstellungen wird New Orleans wegen der Flussbiegung, an der es liegt, als »Crescent City« oder wegen seines gelassenen Flairs als »Big Easy« bezeichnet. In einem weniger optimistischen Kontext ist sie für Einwohner ein »Kessel«. Denn mittlerweile liegt der größte Teil der Stadt auf oder unter Meeresspiegelniveau – an manchen Stellen bis zu 4,50 Meter darunter. Wenn man in der Stadt ist, kann man sich nur schwer vorstellen, dass der gesamte Ort sich unter den eigenen Füßen absenkt, das ist jedoch der Fall. Eine Studie fand vor einiger Zeit anhand von Satellitendaten heraus, dass New Orleans innerhalb eines Jahrzehnts um nahezu 15 Zentimeter absinkt.[22] »Das ist eine der schnellsten Senkungsraten der Erde«, merkte Kolker an.

Nach einigen weiteren Zwischenstopps an verschiedenen Bodensenken und Mulden – »Da drüben ist ein Senkungskrater!« – erreichten wir die Melpomene Pumping Station, ein Wasserhebewerk. Mittlerweile waren wir in Broadmoor, einem tief liegenden Viertel, das manchmal »Floodmoor« genannt wird. Das Hebewerk war geschlossen, aber durch die Fenster sah ich eine Reihe Behälter, die wie liegende Raketen aussahen. Das waren Wood-Axialpumpen, benannt nach ihrem Erfinder A. Baldwin Wood, der seine Entwicklung 1920 hatte patentieren lassen, also in einer Zeit, als man in die Macht der Technik noch besonders hochtrabende Erwartungen setzte.

»New Orleans hat ein furchtbares Entwässerungsproblem«, hieß es in jenem Jahr in einem Artikel auf der Titelseite des *Item*. »Um diesem Problem zu begegnen, hat die Stadt das größte Entwässerungssystem der Welt gebaut.«[23]

»Täglich überwindet der Mensch die Natur«, behauptete der Artikel. »Er hat den gigantischen Mississippi zurückgedrängt und dort hingelenkt, wo er nicht hinwollte.«

New Orleans verfügte 1920 zusammen mit dem Melpomene-Hebewerk über insgesamt sechs Pumpwerke. Damit konnte die Stadt die »alten Sümpfe« trockenlegen und für den Bau neuer Stadtviertel wie Lakeview und Gentilly nutzen. Heutzutage gibt es 24 Hebewerke mit insgesamt 120 Pumpen. Während starker Regenfälle fließt das Regenwasser in ein Kanalnetz, das Venedigs würdig wäre, und wird von dort in den Lake Pontchartrain geleitet. Ohne dieses Entwässerungssystem wären weite Teile der Stadt sehr bald unbewohnbar.

Aber New Orleans' Weltklasse-Entwässerungssystem ist ebenso wie sein Weltklassedeichsystem eine Lösung, die etwas von einem Trojanischen Pferd hat. Da Sumpfboden sich durch Entwässerung verdichtet, verschärft das Abpumpen des Wassers das Problem, das es zu lösen gilt. Je mehr Wasser abgepumpt wird, umso schneller senkt sich die Stadt. Und je stärker sie absinkt, umso mehr Wasser muss man abpumpen.

»Das Abpumpen ist ein wesentlicher Teil des Problems«, erklärte mir Kolker, als wir wieder auf unsere schweißbedeckten Räder stiegen. »Es beschleunigt die Absenkung, und das führt zu einer positiven Rückkoppelungsschleife.«

Als wir weiterradelten, kamen wir auf den Hurrikan Katrina zu sprechen. Kolker, der etwa 18 Monate nach dem Hurrikan nach New Orleans gezogen war, erinnerte sich, dass der »Badewannenring« – der Schmutzrand, den das Hochwasser in der ganzen Stadt hinterlassen hatte – noch jahrelang an den meisten Hauswänden zu sehen war.

»Hier kommen wir in Gegenden, in denen das Wasser 1,50 bis 2,50 Meter hoch stand«, machte er mich an einer Stelle aufmerksam.

Katrina, ein ungewöhnlich starker Hurrikan, war weit von einem Worst-Case-Szenario entfernt. Als er in den frühen Morgenstunden des 29. Augusts 2005 nach Norden wirbelte, zog das Auge des Sturms östlich an der Stadt vorbei. Daher trafen die größten Windstärken auf weiter östlich gelegene Orte wie Waveland und Pass Christian in Mississippi. Kurze Zeit sah es so aus, als bliebe New Orleans verschont.

Aber der Sturm trieb Wasser in das Kanalnetz am Ostrand der Stadt. Diese Kanäle – Industrial Canal, Gulf Intercoastal Waterway und Mississippi River-Gulf Outlet (im Volksmund »Mr. Go« genannt) – hatte man angelegt, um dem Schiffsverkehr eine Abkürzung vom Fluss zum Meer zu schaffen. Gegen 7:45 Uhr brachen die Deiche des Industrial Canal, und eine sechs Meter hohe Sturzflut ergoss sich über den Stadtteil Lower Ninth Ward. Mindestens sechs Dutzend Menschen in diesem überwiegend von Schwarzen bewohnten Viertel starben.

Die Sturmflut trieb das Wasser auch in den Lake Pontchartrain. Als der Hurrikan ins Inland vorrückte, wurde dieses Wasser aus dem See nach Süden in die Entwässerungskanäle der Stadt gedrückt. Die Wirkung war mit einem Swimmingpool vergleichbar, der sich in ein Wohnzimmer entleert. Schon bald gaben die Hochwasserschutzmauern am 17th Street Canal und am London Avenue Canal nach. Am folgenden Tag standen achtzig Prozent des Stadtkessels unter Wasser.

Hunderttausende Einwohner hatten New Orleans vor dem Sturm verlassen. Nach der Überflutung der Stadt war nicht klar, wann sie zurückkehren würden oder ob sie überhaupt zurückkommen sollten. »Argumente gegen den Wiederaufbau der untergegangenen Stadt New Orleans« lautete eine Schlagzeile im Magazin *Slate* eine Woche nach dem Hurrikan.[24]

»Es ist Zeit, sich einigen geologischen Realitäten zu stellen und mit einem sorgfältig geplanten Rückbau von New Orleans zu beginnen«, erklärte Klaus Jacob, ein Geophysiker und Experte für Risikomanagement, in einem Kommentar in der *Washington Post*.[25] Als vorübergehende Maßnahme schlug er vor, einen Teil von New Orleans in eine »Hausbootstadt« umzuwandeln. Dann könne man zulassen, dass der Mississippi wieder über die Ufer träte und »den ›Kessel‹ mit neuen Sedimenten füllt«. (Jacob warnte 2011, die U-Bahn von New York City würde bei einem starken Sturm überflutet werden, eine Vorhersage, die sich ein Jahr später durch Supersturm Sandy erfüllte.)

Ein vom Bürgermeister von New Orleans ernanntes Beratergremium empfahl, nur die am höchsten gelegenen Bereiche der Stadt wieder zu besiedeln – die Viertel am Flussufer und auf dem Gentilly Ridge und dem Metairie Ridge.[26] In einem öffentlichen Planungsverfahren sollte anschließend festgelegt werden, welche tief liegenden Viertel wiederbelebt und welche aufgegeben werden sollten.

Vorschläge, Teile der Stadt wieder dem Wasser zu überlassen, wurden in Umlauf gebracht und dann nach und nach wieder verworfen. Geophysikalisch mochte ein Rückbau sinnvoll sein, aber politisch war er ein Rohrkrepierer. Und so erhielt das Army Corps of Engineers den Auftrag, wieder einmal die Deiche zu verstärken, diesmal gegen Sturmfluten vom Golf von Mexiko. Südlich der Stadt errichtete es das größte Pumpwerk der Welt im Rahmen eines 1,1 Milliarden Dollar teuren Bauprojekts namens West Closure Complex. Östlich der Stadt baute es die Lake Borgne Surge Barrier, eine annähernd drei Kilometer lange und über 1,60 Meter dicke Betonmauer, die 1,3 Milliarden Dollar kostete. Außerdem verschloss das Pionierkorps den Mississippi River-Gulf Outlet mit einem knapp 300 Meter langen Damm und installierte massive Fluttore und Pumpen zwischen den Entwässerungskanälen und Lake Pontchartrain. Die Pumpen am Fuß des 17th Street Canal waren so ausgelegt, dass sie 340 Kubikmeter Wasser pro Sekunde und damit mehr als der Tiber befördern konnten.[27]

Diese pharaonenhaften Bauten haben die Stadt über mehrere Stürme hinweg trocken gehalten, und in gewisser Weise scheint New Orleans gegenwärtig erheblich besser geschützt zu sein als zur Zeit von Hurrikan Katrina. Aber was aus einem Blickwinkel wie ein Schutz aussieht, kann aus einem anderen eine Falle sein.

»Man braucht eine aufgefüllte Küstenlinie«, erklärte mir Jeff Hebert, ein ehemaliger stellvertretender Bürgermeister von New Orleans. »Denn wie der Küste so geht es auch New Orleans.« Seit die Zeit der Deichbrüche vorüber ist, hat der Landverlust südlich der Stadt ihr den Golf von Mexiko gut dreißig Kilometer näher gebracht.[28] Laut Schätzungen reduziert sich bei einer Sturmflut der Wasserstand des Tidenhochwassers für jede fünf Kilometer, die ein Sturm über Land zurücklegen muss, um dreißig Zentimeter.[29] Wenn das stimmt, ist die Bedrohung für New Orleans um 2,10 Meter höher geworden.

»Stäupt und verbannt die Natur, doch wisst dass sie immer zurückkehrt«, schrieb Horaz 20 vor Christus »Gleich einem Dieb durchbricht sie die Hoffart widrige Werke!«[30]

Gegen Ende unserer Senkentour radelten Kolker und ich durch das French Quarter, wo Touristen mit alkoholischen Getränken die Straßen verstopften, obwohl es noch früh am Tag war. Im Woldenberg Park stiegen wir auf die Deichkrone und schauten über den Mississippi auf den Stadtteil Algiers am anderen Flussufer.

Ich fragte Kolker, wie er die Zukunft sähe. »Der Meeresspiegel wird weiter steigen«, antwortete er. Die für Plaquemines Parish geplanten Sedimentableitungen würden den Marschgebieten südlich der Stadt wieder etwas Land zurückgewinnen, wie es auch konventionellere Baggerprojekte wie BA-39 leisten würden. »Aber ich glaube, die Gebiete, die nicht renaturiert werden, werden immer häufiger überflutet werden. Es werden fortwährend Feuchtgebiete verloren gehen.« Die Stadt, die einst L'Isle de la Nouvelle Orléans hieß, werde in den kommenden Jahren »mehr und mehr wie eine Insel aussehen«, sagte Kolker voraus.

Die Isle de Jean Charles im Terrebonne Parish liegt achtzig Kilometer südwestlich von New Orleans und ist der Stadt um einige Jahrzehnte voraus. Sie ist über einen einzigen schmalen Fahrdamm zu erreichen, der früher über Land führte. Wenn man den richtigen Zeitpunkt abpasst, kann man heute vom Auto aus angeln.

»Im Frühling steht immer Wasser auf der Straße, wenn Südwind weht«, erzählte mir Boyo Billiot. Wir standen im Garten des Hauses, in dem er aufgewachsen war und in dem seine Mutter noch immer wohnte. Es ragte hoch über uns auf 3,60 Meter hohen Pfeilern auf. Auf der Veranda in luftigen Höhen flatterten mehrere amerikanische Flaggen. Es war Winter, und die Jagdsaison auf Rotwild ging dem Ende entgegen. Billiot trug Tarnkleidung, und ständig zeigte das Bimmeln seines Handys eintreffende Nachrichten seiner Jagdfreunde an, die sich fragten, wo er blieb.

Billiot ist ein kräftiger Mann mit rauer Stimme und graumeliertem Ziegenbärtchen. Er kann seinen Stammbaum bis zu Jean Charles Naquin zurückverfolgen, der dieser Insel in den frühen 1880er Jahren ihren Namen gab. (Der gleichnamige Jean Charles war ein Kollege des Piraten Jean Lafitte.) Naquin hatte einen Sohn, Jean Marie, der eine Ureinwohnerin heiratete und auf die Insel flüchtete, nachdem sein Vater ihn verstoßen hatte. Jean Maries Kinder heirateten wiederum Ureinwohner aus drei Stämmen: Biloxi, Chitimacha und Choctaw.[31] Die meisten ihrer Kinder blieben auf der Insel und lebten dort in einer weitgehend autarken, eng verwobenen Gemeinschaft.

»Sie machten Jahr für Jahr weiter und niemand wusste, dass

hier überhaupt jemand lebte«, erzählte mir Billiot. »Als die Große Depression kam, wussten sie hier gar nichts davon, weil es sie nicht betraf.«

Billiot wuchs in den fünfziger Jahren auf der Isle de Jean Charles auf und sprach eine Mischung aus Cajun-Französisch und Choctaw. »Von einem Ende der Insel zum anderen kannte jeder jeden«, erinnerte er sich. Die Menschen bestritten ihren Lebensunterhalt überwiegend durch Fischen, Austernfischerei und Fallenstellen. Sein Vater hatte einen Krabbenkutter und eine Anlegestelle gleich vor dem Haus. Damals verlief entlang der Insel ein tiefer Bayou, in dem die Leute Krabben fischten. Die kurz zuvor gebaute Straße wurde nicht viel genutzt, weil es auf der Insel Lebensmittelgeschäfte gab.

Heute sind sämtliche Läden verschwunden. Es sind noch etwa vierzig Häuser übrig, die fast ausnahmslos erhöht auf Stützpfeilern stehen, aber viele sind verlassen. Seit Billiots Kindheit ist die Isle de Jean Charles von neunzig Quadratkilometern auf etwa 1,3 Quadratkilometer geschrumpft – ein Flächenverlust von über 98 Prozent.

Die Insel verschwindet aus den üblichen Gründen. Sie gehört zu einem alten Deltafächer, dessen Boden sich verdichtet. Der Meeresspiegel steigt. Zu Beginn des 20. Jahrhunderts verlor die Insel ihre Hauptquelle frischer Sedimente durch Hochwasserschutzmaßnahmen. Dann kam die Ölindustrie und grub Kanäle durch die Feuchtgebiete. Diese Kanäle zogen Salzwasser an, und mit steigendem Salzgehalt starben das Schilf und die Gräser des Marschlandes ab. Dadurch verbreiterten sich die Kanäle, was wieder mehr Salzwasser hereinließ, zu weiterem Pflanzensterben und einer Verbreiterung der Kanäle führte.

»Es war fast so, wie wenn man bei den Videoplayern, die wir früher hatten, auf den Knopf zum schnellen Vorspulen drückte, um an die Stelle des Films zu kommen, an die man wollte«, erzählte mir Billiots Tochter Chantel Comardelle. Sie saß mit Billiots

Mutter, die sie Maman nennt, in der Küche des erhöht stehenden Hauses. An den Wänden hingen Familienfotos. »Diese Kanäle drückten den Knopf zum schnellen Vorspulen.«

Als der Trailer, in dem Billiot, Comardelle und ihre übrige Familie wohnten, in den achtziger Jahren mehrfach hintereinander durch Hurrikans überflutet wurde, zogen sie von der Insel fort. Bei jedem Sturm ging ein weiteres Stück Land verloren, und mehr Familien verließen die Insel. Anfang des 21. Jahrhunderts umgab man die Überreste der Isle de Jean Charles mit Deichen. Sie machten aus dem Bayou, in dem die Leute früher Fische und Krabben gefischt hatten, einen schmalen Teich mit stehendem Wasser. Innerhalb der Deiche verlangsamte sich der Landverlust, aber außerhalb und entlang der Straße verschlimmerte er sich.

Selbst in diesem Stadium hätte man noch Maßnahmen ergreifen können, um die Reste der Isle de Jean Charles zu retten. Man entwickelte Pläne für ein umfassendes Hurrikanschutzsystem, das sogenannte Morganza to the Gulf Project, und hätte die Insel ohne Weiteres einbeziehen können. Aber in diesem Fall entschied sich das Army Corps of Engineers, keine weiteren technischen Maßnahmen zu empfehlen. Die Erweiterung hätte das Milliarden Dollar teure Projekt um 100 Millionen Dollar verteuert, aber nur magere 120 Hektar Land geschützt.[32] Für eine solche Summe könnte man beispielsweise in Chicago fünf Mal so viel Grund und Boden kaufen.

Die Bewohner der Insel und die Familien, die weggezogen sind, gehören praktisch ausnahmslos zum Isle-de-Jean-Charles-Zweig des Biloxi-Chitimacha-Choctaw-Stamms. Comardelle ist dessen Sekretärin, Billiot sein stellvertretender Vorsteher und sein Onkel der Vorsteher. Als klar war, dass man die Straße und letztlich die Insel untergehen lassen würde, wurde ein Plan für die Umsiedlung der gesamten Gemeinde ins Binnenland erstellt. Für die erste Phase beantragte der Stammeszweig fünfzig Millionen Dollar aus Bundesmitteln, die 2016 bewilligt wurden. Zur Zeit meines Besuchs war das Geld jedoch durch politische Auseinandersetzungen im Bundesstaat blockiert, und niemand wusste, was passieren würde.

Als ich an leer stehenden Häusern mit »Betreten-verboten«-Schildern vorbeischlenderte, konnte ich die wirtschaftliche Logik nachvollziehen, die hinter der »geplanten Dekonstruktion« der Insel stand. Gleichzeitig sprang mir jedoch die eklatante Ungerechtigkeit ins Auge. Die Biloxi und die Choctaw waren nach Louisiana gekommen, nachdem man ihnen das Land ihrer Vorfahren weiter östlich genommen hatte. Der Isle-de-Jean-Charles-Zweig hatte auf der Insel nur deshalb friedlich leben können, weil sie zu abgeschieden und wirtschaftlich zu unbedeutend war, als dass sich sonst jemand dafür interessiert hätte. Der Stammeszweig hatte kein Mitspracherecht beim Ausbaggern der Erdölkanäle oder der Planung des Morganza to the Gulf Project. Man hatte sie nicht in die Maßnahmen einbezogen, den Mississippi zu kontrollieren, und als nun neue Formen des Hochwasserschutzes beschlossen wurden, um den Auswirkungen der alten zu begegnen, blieben sie auch davon ausgeschlossen.

»Es ist schwer, sich vorzustellen, dass hier niemand mehr leben wird«, sagte Billiot. »Aber ich habe gesehen, wie alles weggeschwemmt wird.«

Aus der Ferne sieht die Old River Control Auxiliary Structure aus wie eine Reihe von Sphinxen, die an den Ohren verbunden sind. Das Wehr ist über 130 Meter lang und dreißig Meter hoch. Geht man nahe genug heran, sieht man, dass die Sphinxköpfe in Wirklichkeit Kräne und die Pranken Stahltore sind. Wenn es denn eine einzelne technische Meisterleistung gibt, die exemplarisch für die jahrhundertelangen Bestrebungen stehen kann, den Mississippi zu bändigen – ihn dahin zu leiten, »wohin er nicht will« –, dann könnte es dieses Wehr sein. Anders als ein Deich oder ein Hochwasserüberlauf, die gebaut wurden, um zu verhindern, dass der

Ein Wehr der Old River Control Auxiliary Structure.

Fluss über die Ufer tritt, ist dieses Bauwerk entstanden, um die Zeit aufzuhalten.

Die Old River Control Auxiliary Structure steht auf einer weiten Ebene knapp 130 Kilometer flussaufwärts von Baton Rouge. In der Nähe machte der Mississippi vor gut 500 Jahren eine Schleife und schuf damit ein Wasser- und Namensknäuel. Denn durch diese Schleife verlagerte sich der Flusslauf so weit nach Westen, dass er mit dem Atchafalaya River zusammenfloss, damals ein Mündungsarm des Red River, der wiederum ein Nebenfluss des Mississippi war. Der Atchafalaya River ist erheblich kürzer und hat ein stärkeres Gefälle als der letzte, mehrere hundert Kilometer lange Abschnitt des Mississippi, und diese Schleife stellte das Wasser des größeren Flusses vor die Wahl: Es konnte dem alten Flusslauf vorbei an New Orleans und Bird's Foot zum Golf von Mexiko folgen oder die schnellere Route nehmen, die der Atchafalaya River bot. Bis um die Mitte des 19. Jahrhunderts war diese Wahl durch eine riesige Blockade aus Baumstämmen und schwimmenden Inseln erschwert, die so fest miteinander verkeilt waren, dass man darüber gehen konnte. Sobald diese Blockade – unter anderem mithilfe von Nitroglycerin – beseitigt war, floss immer mehr Wasser aus dem Hauptarm des Mississippi ab. In dem Maße, wie die Wassermenge im Atchafalaya zunahm, wurde das Flussbett breiter und tiefer.

Nach dem normalen Lauf der Dinge wäre der Atchafalaya immer breiter und tiefer geworden und hätte schließlich den gesamten Unterlauf des Mississippi aufgenommen. Dadurch wäre New Orleans trockengefallen und abgesunken, was die am Fluss angesiedelten Industrien – Raffinerien, Getreidesilos, Containerhäfen und petrochemische Werke – im Grunde wertlos gemacht hätte. Eine solche Möglichkeit galt als unvorstellbar, und so schritt das Army Corps of Engineers in den fünfziger Jahren ein. Es versah die ehemalige Flussschleife, den Old River, mit Dämmen und baggerte zwei große, mit Wehren versehene Kanäle aus. Von nun an wurde dem Mississippi sein Lauf diktiert und sein Wasserstand so reguliert, als würde die Eisenhower-Ära ewig währen.

Lange bevor ich die Old River Control Auxiliary Structure sah, hatte ich darüber in John McPhees klassischem Essay »Atchafalaya« gelesen, einer Moralgeschichte von düsterer Komik. Nach McPhees Darstellung stürzte sich das Pionierkorps mit aller Kraft – und Millionen Tonnen Beton – in die Aufgabe, die natürliche Flussverlagerung des Mississippi zu verhindern, und meinte, dies sei gelungen.

»Das Corps of Engineers kann den Mississippi River lenken, wohin es will«, versicherte ein General nach einer Beinahe-Katastrophe 1973, als man die Old River Control fast verloren hätte.[33] Voller Bewunderung beschreibt McPhee den Mut, die Entschlossenheit und sogar die Genialität des Pionierkorps, aber durch den ganzen Essay zieht sich eine starke Gegenströmung. Macht sich das Pionierkorps etwas vor? Machen wir alle uns etwas vor?

»Atchafalaya«, schreibt McPhee. »Dieses Wort wird uns nun

mehr oder weniger als Widerhall eines jeden – heroischen oder korrupten, übereilten oder wohlüberlegten – Kampfes gegen Naturgewalten in den Sinn kommen, wenn Menschen sich dem Ziel verschreiben, gegen die Erde zu kämpfen, zu nehmen, was nicht gegeben wird, den zerstörerischen Feind zu vernichten, den Fuß des Olymp zu umstellen und die Kapitulation der Götter zu fordern und zu erwarten.«[34]

An einem schönen Sonntagnachmittag im Spätwinter traf ich an der Old River Control ein. Das Büro des Pionierkorps hinter einem imposanten Eisenzaun wirkte leer. Aber als ich eine Klingel neben der Einfahrt betätigte, sprang die Gegensprechanlage knisternd an und ein Ressourcenexperte namens Joe Harvey kam ans Tor. Er war angezogen, als wolle er zum Angeln gehen, seine Hosenbeine waren in grüne Gummistiefel gestopft. Harvey führte mich zu einem Aussichtspavillon mit Blick auf die Auxiliary Structure und den Abflusskanal.

Während das Wasser im Kanal vorbeirauschte, unterhielten wir uns über die Geschichte des Flusses. »Im Jahr 1900 flossen etwa zehn Prozent des Wassers aus dem Red River und dem Mississippi den Atchafalaya hinunter«, erzählte Harvey. »1930 waren es etwa zwanzig Prozent. 1950 waren es dreißig Prozent.« Diese Tendenz hatte das Pionierkorps veranlasst, einzuschreiten.

»Wir haben nach wie vor die Siebzig-dreißig-Aufteilung«, sagte Harvey. Täglich messen Ingenieure den Durchfluss des Red River und des Mississippi und passen die Fluttore des Wehrs entsprechend an. An diesem Sonntag ließen sie gut 1100 Kubikmeter Wasser pro Sekunde durch.

»Von hier bis zur Mississippi-Mündung sind es etwa 500 Kilometer«, führte er weiter aus. »Und von hier bis zur Atchafalaya-Mündung sind es etwa 225 Kilometer. Das ist also nur halb so weit. Deshalb will der Fluss dorthin. Aber wenn das passiert …« Er verstummte.

Zwei Leute angelten von einem kleinen Motorboot aus auf dem

Kanal. Ich fragte Harvey, was sie wohl fangen mochten. »Ach, wir haben alles, was im Mississippi ist«, antwortete er. »Natürlich gibt es mittlerweile eine ganze Menge Karpfen, das ist nicht so gut.«

»Sie versuchen immer noch, sie aus den Großen Seen fernzuhalten«, fügte er hinzu. »Hier sind sie einfach überall.«

McPhee nahm seinen Essay »Atchafalaya« in sein Buch *The Control of Nature* auf, das 1989 erschien. Seitdem ist vieles passiert, was die Bedeutung des Wortes »Beherrschung« verkompliziert hat, ganz zu schweigen von der des Begriffs »Natur«. Das Mündungsdelta des Mississippi in Louisiana bezeichnen Hydrologen mittlerweile häufig als gekoppeltes sozialökologisches System (»coupled human and natural system«, kurz CHANS). Es ist ein hässlicher Begriff – ein weiteres begriffliches Knäuel –, aber es gibt keine einfache Art, über das Gewirr zu sprechen, das wir geschaffen haben. Ein Mississippi, der eingedämmt, begradigt, reguliert und gebändigt wurde, kann dennoch eine gottähnliche Gewalt ausüben; aber er ist eigentlich kein echter Fluss mehr. Es ist schwer zu sagen, wer – falls überhaupt jemand – heutzutage den Olymp bewohnt.

II

IN DIE WILDNIS

3

Zwei Wochen vor Weihnachten 1849 stieg William Lewis Manly auf einen Gebirgspass und sah »das herrlichste Bild grandioser Verlassenheit, das man je erblicken konnte«.[1] Manly stand im Südwesten des heutigen Nevada, unweit vom Mount Stirling, dachte an seine Eltern zuhause in Michigan, die »reichlich Brot und Bohnen« auf dem Tisch hatten, und stellte dieser Vorstellung seine eigene Lage gegenüber – »ein leerer Magen und eine trockene, raue Kehle«.[2] Die Sonne ging bereits unter, als er abstieg, und seine Stimmung wurde zunehmend düsterer. Er fing an zu weinen, denn wie er sich später erinnerte: »Ich meinte die Zukunft sehen zu können, und das Ergebnis war bitter.«

Manly befand sich aufgrund einer Reihe unglücklicher Entscheidungen auf diesem Streifzug durch die Wüste. Drei Monate zuvor hatten er und gut 500 weitere Goldsucher sich in Salt Lake City gesammelt, um gemeinsam die Reise in den Norden Kaliforniens, das Goldland, zu machen. Allerdings waren sie zu spät im Jahr in Salt Lake City eingetroffen, als dass sie die direkte Route über die Sierra Nevada hätten nehmen können. Um nicht eingeschneit zu werden, waren sie daher auf einem Packpfad nach Süden Richtung Los Angeles gezockelt. Nach einigen Wochen waren sie auf einen anderen Goldgräbertrupp unter der Leitung eines redegewandten New Yorkers namens Orson K. Smith gestoßen. Smith hatte eine grobe Landkarte bei sich, die, wie er behauptete, eine andere, schnellere Route nach Westen zeigte. Die meisten aus Manlys Gruppe beschlossen, sich Smith anzuschließen, mussten aber schon nach wenigen Tagen umkehren, als ihnen ein Canyon, so tief, dass er sich mit Wagen nicht durchqueren ließ, den Weg versperrte.[3] (Smith machte ebenfalls kurze Zeit später kehrt.) Aber Manly und ein paar Dutzend andere schlugen sich weiter auf der trügerischen Abkürzung durch.

Schon bald mussten sie feststellen, dass der Canyon noch das geringste ihrer Probleme war. Beim Versuch, ihn zu umgehen, gerieten sie in die unwirtlichste Gegend des Kontinents – eine von Felsen übersäte Wüste, die zuvor vermutlich noch kein Weißer durchstreift hatte. (Hundert Jahre später wurde ein Großteil dieser Region für Atomtests genutzt.) Es gab kaum Wasser, und das wenige, was zu finden war, war zu salzig, um es zu trinken. Die Ochsen fanden kaum Futter und wurden träge und ausgemergelt. Als die Männer einen schlachteten, um ihn zu essen, waren die Knochen nicht mit Mark gefüllt, sondern mit einer blutigen Flüssigkeit, die »Fäulnis ähnelte«, wie Manly notierte.[4]

Manly war mit einem Freund unterwegs, der eine Frau und drei kleine Kinder hatte. Als Späher erkundete Manly die Umgebung, bevor die Wagen nachkamen. Die Berichte, die er ins Camp zurückbrachte, waren so entmutigend, dass sein Freund ihn nach einer Weile bat, nicht weiterzusprechen, weil seine Frau es nicht mehr ertragen könne.[5] Als die Gruppe sich dem Death Valley näherte – damals eine unerforschte Wüste –, herrschte eine besonders finstere Stimmung. Einige Abende nachdem Manly in Tränen ausgebrochen war, beschrieb ein Mann am Lagerfeuer die Gegend als »Abfallhaufen des Schöpfers«, an dem er »nach der Erschaffung einer Welt die wertlosen Reste« zurückgelassen habe.[6] Ein anderer fand, das müsse »genau der Ort sein, an dem Lots Frau in eine Salzsäule verwandelt wurde«, nur sei die Salzsäule »zerbrochen und übers Land verteilt worden«.

Kurz vor dem Death Valley hob sich die Stimmung vorübergehend. Auf einem Felsvorsprung stieß die Gruppe zufällig auf eine Höhle mit einem Teich aus warmem, klarem Wasser. Einige der Männer sprangen hinein, und einer vermerkte in seinem Tagebuch, dass er »ein äußerst erfrischendes Bad genoss«.[7] Als Manly in das Wasser schaute, bemerkte er etwas Seltsames. Der Teich war von Felsen und Sand umgeben, das nächste Gewässer war meilenweit entfernt. Dennoch wimmelte es von Fischen. Noch Jahrzehnte später erinnerte er sich an diese winzigen Fischchen, die »kaum mehr als einen Zoll lang« gewesen waren.[8]

Die Höhle, auf die diese Goldgräber zufällig gestoßen waren, heißt heute Devils Hole (Teufelsloch), und die »Fischchen« sind Teufelsloch-Wüstenkärpflinge oder mit wissenschaftlichem Namen *Cyprinodon diabolis*. Wie von Manly beschrieben, sind sie etwa 2,5 Zentimeter lang, saphirblau, haben tiefschwarze Augen und für ihre Körpergröße recht große Köpfe. Am einfachsten sind sie an einem fehlenden Merkmal zu erkennen: Im Gegensatz zu anderen Wüstenkärpflingen haben sie keine Bauchflossen.

Wie Devils Hole zu seinen Wüstenkärpflingen gekommen ist, ist ein »wunderbares Rätsel«, um es mit den Worten eines Ökologen zu sagen.[9] Die Höhle ist eine geologische Besonderheit – der Eingang zu einem Grundwasserleiter, der bis weit unter die Erdoberfläche reicht und Wasser aus dem Pleistozän enthält. Es ist wohl unwahrscheinlich, dass die Vorfahren dieser Fische durch diesen Grundwasserleiter gekommen sein könnten; Fischkundler vermuten, dass sie zu einer Zeit in das Devils Hole gespült wurden, als die gesamte Umgebung noch nasser war. Dieser etwa 18 Meter lange und 2,50 Meter breite Teich ist das einzige Habitat des *Cyprinodon diabolis* und damit vermutlich das kleinste Verbreitungsgebiet eines Wirbeltiers.

Ich erfuhr erstmals vom Devils Hole durch eine Straftat, die dort begangen wurde. An einem warmen Abend im Frühjahr 2016 kletterten drei offenbar betrunkene Männer über den Maschendrahtzaun, der den Höhleneingang umgibt. Einer zerschoss eine Überwachungskamera, zog seine Kleider aus, ging baden und ließ seine Unterwäsche im Teich treiben. Ein anderer erbrach sich. Am folgenden Tag wurde ein einzelner Teufelsloch-Wüstenkärpfling tot aufgefunden und an ihm eine Nekropsie vorgenommen. Das führte zu Strafanzeigen. Schließlich veröffentlichte die Polizei Aufnahmen der Überwachungskameras, die ich mir immer wieder ansah. Da gab es ruckelnde Bilder von den Männern, die in einem Geländewagen bis an den Zaun fuhren. Dann sah man auf unscharfen Aufnahmen einer Unterwasserkamera zwei Füße an einer Felskante entlanggehen und Blasen aufsteigen.[10]

Alles an dieser Straftat – die Nekropsie des Fisches, die eines Gefängnisses würdigen Sicherheitsvorkehrungen, die mitten in der Mojave-Wüste von der Außenwelt abgeschnittenen kleinen Fische – faszinierte mich. Ich begann, mehr darüber zu lesen, und stieß dabei zufällig auf Manlys Memoiren, *Death Valley in '49*. Ich erfuhr, dass der Wüstenkärpfling eine große Fischgattung mit vielen unterschiedlichen Arten ist. Alljährlich veranstaltet der Desert Fish Council im Norden Mexikos oder im Westen der Vereinigten Staaten eine Tagung, deren Programm in der Regel etwa vierzig Seiten umfasst. Bei ihren Revierkämpfen sehen die Männchen ein bisschen aus wie balgende Hundewelpen, daher haben sie ihren englischen Namen *pupfish*. Allein im Death Valley gab es früher elf Spezies und Subspezies von Wüstenkärpflingen. Eine ist mittlerweile ausgestorben, von einer anderen nimmt man an, dass sie ausgestorben ist, und die übrigen Arten gelten als bedroht. Der Teufelsloch-Wüstenkärpfling könnte durchaus die seltenste Fischart der Welt sein. In dem Bestreben, diese Spezies zu erhalten, hat man eine Art Westworld für Fische geschaffen – eine genaue Nachbildung des tatsächlichen Teichs bis hin zu dem Felsvorsprung, auf dem die Füße des Nacktbadenden aufgezeichnet wurden. Mittlerweile dringt aus dem Atomtestgelände in Nevada radioaktives Wasser in Richtung der Höhle vor. Je mehr ich darüber las, umso stärker wuchs in mir die Überzeugung, dass ich mir Devils Hole ansehen sollte.

Vier Mal im Jahr werden im Devils Hole Fischzählungen durchgeführt. Zuständig ist ein Biologenteam vom National Park Service, dem U. S. Fish and Wildlife Service und dem Nevada Department of Wildlife – Behörden, die im Hinblick auf die Zukunft der Fische zusammenarbeiten (und manchmal streiten). Ich brauchte eine geraume Weile, diese Fahrt zu arrangieren; mittlerweile war es Zeit für die Fischzählung des Sommers, und es war über vierzig Grad heiß.

Ich traf mich mit dem Team in der Ortschaft, die der Höhle am nächsten lag: Pahrump, Nevada, eine Kleinstadt mit einer Hauptstraße, gesäumt von Geschäften für Feuerwerkskörper, Filialen großer Einzelhandelsketten und Casinos. Von dort fährt man 45 Minuten durch eine Mischung aus Wüstengestrüpp und Leere bis zum Devils Hole.

Zu Manlys Zeit dürfte die Höhle schwer zu entdecken gewesen sein, bis man praktisch hineinstolperte. Heute ist sie durch den drei Meter hohen Zaun mit Stacheldrahtkrone kaum zu übersehen. Einer der Biologen hatte einen Schlüssel für ein Tor, hinter dem ein steiler, rutschiger Pfad begann. Trotz der sengenden Sonne lag der Grund der Höhle im Schatten. Selbst im Hochsommer erhält der Teich nur wenige Stunden Sonnenlicht am Tag.

Einige der Biologen schleppten Metallgitter, die sie zu einem Laufsteg zusammenbauten. Andere trugen Tauchflaschen. Ein Ökologe vom Nationalpark, Kevin Wilson, leitete die ganze Operation. Er hatte sich nahezu sein gesamtes Berufsleben mit dem Teufelsloch-Wüstenkärpfling beschäftigt und galt als eine Art Dekan des Devils Hole. (Die Höhle liegt zwar nicht im Death Valley, sondern jenseits der Funeral Mountains im Amargosa Valley, gehört aber verwaltungstechnisch zum Death Valley National Park.) Kurz vor meinem Eintreffen war Wilson in einem Artikel der *High Country News* über die Nachwirkungen des Einbruchs vorgekommen. Es war zu einem Gutteil seinen Bemühungen zu verdanken, dass der Nacktbadende im Gefängnis gelandet war. (Der Mann,

Blick aus dem Wasser des Devils Hole nach oben.

der sich erbrochen hatte, erhielt eine Bewährungsstrafe.) Die Reporterin hatte Wilson als Helden – als hartnäckigen Wüsten-Columbo – dargestellt, ihn allerdings als schmerbäuchig und streng beschrieben.[11] Darüber grübelte er immer noch. Einmal drehte er sich so zur Seite, dass ich seinen Bauch im Profil sehen konnte.

»Ist das ein Schmerbauch?«, fragte er. Ich erwiderte, dass man es eher als »Wampe« bezeichnen könnte. Normalerweise hätte Wilson zu denen gehört, die sich zum Tauchen fertig machten, aber er war kürzlich bei einem Fitnesstest durchgefallen – was ihm weiteren Spott eintrug.

Als die gesamte Ausrüstung an Ort und Stelle gebracht und zusammengebaut war, hielt ein weiterer Biologe des Park Service, Jeff Goldstein, eine Sicherheitseinführung. Falls jemand verletzt werde, müsse man einen Hubschrauber rufen, aber es könne 45 Minuten oder länger dauern, bis dieser einträfe. »Seid also vorsichtig«, mahnte er und ließ dann reihum tippen, wie viele Wüstenkärpflinge sich wohl zeigen würden.

»Ich glaube, 148«, riet Wilson. Ambre Chaudoin, die ebenfalls beim Park Service arbeitete, tippte auf 140. Olin Feuerbacher und Jenny Gumm vom Fish and Wildlife Service legten sich auf 160 beziehungsweise 170 fest. Brandon Senger vom Bundesstaat Nevada setzte auf 155. Wie ich erfuhr, waren Chaudoin und Feuerbacher verheiratet. Feuerbacher erzählte mir, dass er ihr am Devils Hole einen Antrag gemacht hatte. Wilson machte eine Geste, als wolle er sich übergeben.

Der Teich im Devils Hole hat wie ein Schwimmbad eine flache und eine tiefe Seite. Das tiefe Ende ist in der Tat äußerst tief: laut Nationalparkverwaltung »über 150 Meter«. Wie viel weiter er in die Tiefe reicht, kann man nur mutmaßen, da niemand je bis auf den Grund getaucht und lebend zurückgekommen ist. Zwei junge Taucher machten sich 1965 auf eine Erkundungstour, kamen aber nicht zurück. Vermutlich sind ihre Leichen immer noch irgendwo da unten. Am flachen Ende des Teichs befindet sich etwa dreißig Zentimeter unter der Wasseroberfläche ein schräger Felsvorsprung, *shelf* genannt. Auf diesem Sims finden die Fische das meiste Futter und legen ihren Laich ab.

Goldstein und Senger tauchten in T-Shirt und Shorts, versehen mit Tauchermasken und Sauerstoffflaschen, hinein. Innerhalb von Sekunden waren sie im Dunkeln verschwunden. Unterdessen gingen Chaudoin, Feuerbacher und Gumm auf dem Laufsteg auf alle viere und zählten die Fische auf dem Felsvorsprung. Wilson notierte die Zahlen, die sie ihm zuriefen, in einem Formular.

Nachdem die Zählung auf dem Felsvorsprung abgeschlossen war, setzten sich alle in den Schatten und warteten auf die Rückkehr der Taucher. Einige junge Eulen schrien, versteckt in einer Felsennische. Die Sonne wanderte an der Westseite der Höhle entlang. »Trinken Sie genug«, mahnte Wilson. Rund um den Teich fiel mir ein Rand auf, der an den Schmutzrand in einer Badewanne erinnerte, und ich fragte Chaudoin danach. Sie erklärte mir, dass der Wasserstand von der Anziehungskraft des Mondes abhing. Der Grundwasserleiter unter uns war so groß, dass er Gezeiten erlebte.

Obwohl die Wüstenkärpflinge nur in den oberen Bereichen des Teichs leben – tiefer als 23 Meter unter der Oberfläche wurden sie kaum je gesehen –, hat die riesige Ausdehnung des Grundwasserleiters sie doch geprägt. In der Wüste herrschen zwischen Tag und Nacht und Sommer und Winter enorme Temperaturschwankungen. Das Wasser in der Höhle wird geothermisch erwärmt und hat ganzjährig eine Temperatur von knapp 34 Grad Celsius und einen konstanten, wenn auch sehr niedrigen Sauerstoffgehalt. Die Kombination aus hohen Temperaturen und geringem Sauerstoffgehalt müsste eigentlich tödlich sein. Aber die Teufelsloch-Wüstenkärpflinge haben im Laufe ihrer Evolution gelernt, irgendwie mit diesen Bedingungen – und was ebenso wichtig ist: nur mit diesen Bedingungen – zurechtzukommen. Man nimmt an, dass diese belastende Umgebung die Ursache war, dass die Fische ihre

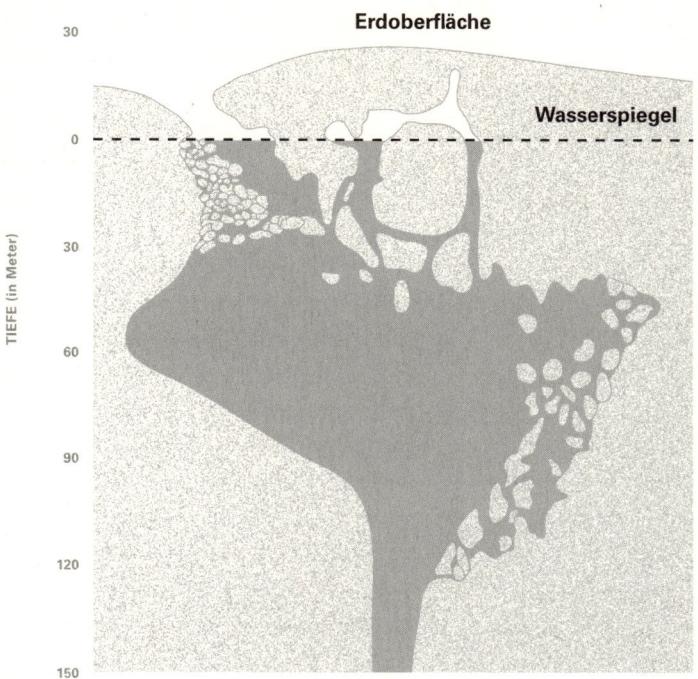

Querschnitt durch Devils Hole.
Der Höhleneingang befindet sich in der oberen linken Ecke.

Bauchflosse verloren haben: Es war schlicht die Energie nicht wert, diese Flosse zu entwickeln.

Endlich blitzte Licht von den Stirnlampen der Taucher auf, das wie Suchscheinwerfer durch das Wasser schien. Goldstein und Senger hievten sich aus dem Teich. Senger hielt eine Tauchertafel voller Zahlenreihen in der Hand.

»Diese Tafel enthält den Schlüssel zum Universum«, erklärte Wilson.

Alle stiegen wieder den felsigen Weg hinauf, gingen durch die Öffnung im Zaun und zurück auf den Parkplatz. Senger las laut die Zahlen von seiner Tafel vor. Wilson notierte sie und rechnete sie mit der Zählung vom Felsvorsprung zusammen: 195. Das waren sechzig Wüstenkärpflinge mehr als bei der vorhergehenden Zählung, mehr als jeder von ihnen getippt hatte. Alle klatschten sich rundherum ab. Goldstein vollführte einen »kleinen Freudentanz«, wie er es nannte.

»Wenn viele Fische da sind, gewinnen wir alle«, stellte er fest.

Später stellte ich eigene Berechnungen an. Die Teufelsloch-Wüstenkärpflinge im Devils Hole wogen zusammen etwa 100 Gramm.[12] Das ist etwas weniger, als das Fischfilet auf einem Sandwich bei McDonald's wiegt.

Als die Goldgräber sich auf den Weg zu den Goldfeldern machten, herrschte die Auffassung, dass ein zielsicherer Mann niemals verhungern könne. Manly hatte mit 14 Jahren sein erstes Gewehr bekommen, »geeignet für Kugel und Schrot«, wie sein Vater ihm feierlich erklärt hatte.[13] Schon bald war er ein geschickter Jäger und erlegte Tauben, Truthühner und Rotwild, die eine willkommene Abwechslung auf den Tisch der Familie brachte. Mit Anfang zwanzig führten seine Jagdausflüge Manly bis nach Wisconsin. Innerhalb von drei Tagen erlegte er vier Bären. Er aß so viel Bärenfleisch, dass er sich übergeben musste. »Solange ich mein Gewehr und Munition hatte, konnte ich genug Wild jagen, um davon zu leben«, schrieb er später. Er und seine Gefährten schossen sich 1849 bis nach Salt Lake City durch. Ein Wapiti, den Manly erlegte, wog über 500 Pfund und sorgte für »das feinste Essen, geeignet für einen Feinschmecker«.[14]

Kein Vorrat ist unerschöpflich, und indem Manly sich durch den Kontinent aß, trug er dazu bei, diese Praxis unmöglich zu machen. In den 1850er Jahren beklagte Thoreau, dass Elche, Pumas, Biber und Vielfraße in New England ausgestorben waren. »Ist es nicht eine verstümmelte und unvollkommene Natur, mit der ich vertraut bin?«[15] Truthühner, die früher in Mengen in den Wäldern umhergestreift waren, konnte man in den 1860er Jahren so gut wie gar nicht mehr finden. Östliche Wapitis, die einst vom Atlantik bis an den Mississippi reichlich vorhanden waren, starben in den 1870er Jahren aus. Um dieselbe Zeit verschwanden auch die Wandertauben, die früher in großen Schwärmen die Sonne verdunkelt hatten. Die letzte riesige Brutkolonie wurde 1882 beobachtet – wo es auch zum letzten großen Gemetzel kam.[16]

»Ebenso leicht hätte man die Menge der Blätter in einem Wald zählen oder schätzen können wie die Zahl der Bisons, die vor 1870 zu jeglichem Zeitpunkt in der Geschichte dieser Spezies lebte«, schrieb William Hornaday, der leitende Tierpräparator der Smithsonian Institution und spätere Direktor des Bronx Zoo.[17] Nach seiner Schätzung betrug die Anzahl der »wild und ungeschützt« lebenden Bisons 1889 weniger als 650 Tiere. Er sagte voraus, in wenigen Jahren werde »über der Erde kaum noch ein Knochen übrig bleiben, der von der Existenz der fruchtbarsten Säugetierart zeugt, die unseres Wissen je existiert hat«.[18]

Schon in der Altsteinzeit hatten Menschen zum Aussterben zahlreicher Arten beigetragen – Wollhaarmammut, Wollnashorn, Mastodon, Glyptodon und nordamerikanisches Kamel. Als die Polynesier später die pazifischen Inseln besiedelten, löschten sie Spezies wie die Moas und Moa-Nalos (gänseähnliche Entenvögel auf Hawaii) aus. Nachdem die Europäer auf die Inseln des Indischen Ozeans gekommen waren, starben neben vielen anderen Arten der Dodo, die Mauritius-Ralle, das Maskarenen-Blässhuhn, der Rodrigues-Einsiedler und der Réunion-Ibis aus.

Was im 19. Jahrhundert anders war, war die schiere Geschwindigkeit der Gewalt. Hatte sich der Verlust von Tierarten früher allmählich vollzogen – so allmählich, dass die Beteiligten nicht einmal merkten, was vor sich ging –, verwandelten neue Technologien wie die Eisenbahn und das Repetiergewehr das Artensterben in ein mühelos beobachtbares Phänomen. In den Vereinigten Staaten und auf der ganzen Welt war es möglich, das Verschwinden von Tierarten in Echtzeit zu beobachten. »Dass eine Spezies den Tod einer anderen betrauert, ist etwas Neues unter der Sonne«, merkte der Forstwissenschaftler und Ökologe Aldo Leopold in einem Essay zum Aussterben der Wandertaube an.[19]

Im 20. Jahrhundert beschleunigte sich die Artenvielfaltskrise, wie man es mittlerweile nannte. Inzwischen liegt die Aussterberate Hunderte – vielleicht sogar Tausende – Male höher als die sogenannte Hintergrundrate, die über den größten Teil der Erdgeschichte galt.[20] Die Verluste erstrecken sich über alle Kontinente, alle Meere und alle Ordnungen. Außer den offiziell als bedroht eingestuften Spezies sind noch unzählige andere auf dem Weg in diese Richtung. Amerikanische Ornithologen haben eine Liste der »stark abnehmenden verbreiteten Vögel« erstellt, auf der so bekannte Arten stehen wie Schornsteinsegler, Feldammer und Silbermöwe.[21] Selbst bei Insekten, einer Klasse, die lange als resistent gegen ein Aussterben galt, nehmen die Zahlen drastisch ab.[22] Ganze Ökosysteme sind gefährdet, und mittlerweile speisen diese Verluste eine Abwärtsspirale.

Etwa 1,5 Kilometer Luftlinie von Devils Hole entfernt gibt es eine Nachbildung dieser Höhle. Sie befindet sich in einem hangarähnlichen Gebäude, dessen Eingang zwei Schilder flankieren: »Ab hier Schutzkleidung erforderlich« steht auf dem einen, auf dem anderen: »Achtung! Dihydrogenmonoxid! Äußerste Vorsicht!«

Als ich das erste Mal herkam, erkundigte ich mich nach den Schildern und erfuhr, dass man sie angebracht hatte, um politisch engagierte, aber chemisch ahnungslose Demonstranten von Versuchen abzuschrecken, in die Anlage einzubrechen und sie zu verwüsten. (Dihydrogenmonoxid ist eine scherzhafte chemische Bezeichnung für Wasser.) Bevor ich die Halle betreten durfte, musste ich in einen Eimer mit einer Flüssigkeit steigen, die aussah wie Urin, sich aber als Desinfektionsmittel herausstellte.

Die Innenwände waren voller Stahlträger, Kunststoffrohre und

Elektrokabel. Ein Betonweg umgab ein ebenfalls aus Beton gegossenes Becken. Der Raum wirkte so malerisch wie ein Fabrikfußboden. Tatsächlich erinnerte er mich an ein Abklingbecken für Brennstäbe, das ich einmal bei einer Führung durch ein Atomkraftwerk gesehen hatte. Aber die nachgebildete Höhle war schließlich so gebaut, dass sie »Schnappende Fische bös' betrügen« sollte und nicht mich.[23]

Einen Teich nachzubauen, dessen Grund niemand je gesehen hat, ist praktisch unmöglich, daher ist das tiefe Ende in der Nachbildung nur sechs Meter tief. Aber in allen anderen Aspekten richtet sich das Modell eng nach dem Original. Da der Teich im Devils Hole fast ständig im Schatten liegt, hat die Nachbildung eine Jalousie als Abdeckung, die je nach Jahreszeit geöffnet oder geschlossen wird. Und da die Wassertemperatur in der Höhle ständig bei etwa 34 Grad Celsius liegt, ist die Nachbildung mit einer Heizung versehen. Der Felsvorsprung wurde in den gleichen Konturen aus Styropor nachgebaut und mit Fiberglas überzogen. (Dazu nutzte man Laseraufnahmen des Originalfelsens.)

Aus dem Devils Hole holte man nicht nur Wüstenkärpflinge, sondern auch ihre Nahrungskette in die Nachbildung. Auf dem Styroporfelsvorsprung treiben die gleichen leuchtend grünen Algen, die auch auf dem Kalkstein wachsen. Im Wasser schwimmen dieselben Arten von Wirbellosen – eine Süßwasserschnecke der Gattung Tryonia, einige winzige Krustentiere, die Ruderfußkrebse heißen, diverse Muschelkrebse und zwei Käferarten.

Die Bedingungen im Wasserbecken werden ständig überwacht. Wenn beispielsweise der pH-Wert oder der Wasserstand sinkt, erhält das Personal eine Warnung auf dem Computer. Sobald es zu größeren Abweichungen kommt, sendet das System Telefonanrufe aus. Mehr als einmal musste Feuerbacher, der in der Anlage arbeitet, mitten in der Nacht von seinem Haus in Pahrump in die Anlage fahren.

Die Planung für die Nachbildung begann 2006. In jenem für

die Teufelsloch-Wüstenkärpflinge düsteren Frühjahr erreichte die Fischzählung einen Tiefstand von 38 Exemplaren. »Darüber waren die Leute mehr als nur ein bisschen beunruhigt«, erzählte mir Feuerbacher. Während die 4,5 Millionen Dollar teure Anlage im Bau war, erholte sich der Bestand der Wüstenkärpflinge etwas. Dann kam es 2013 erneut zu einem Einbruch. Die Frühjahrszählung erbrachte lediglich 35 Exemplare, und man nahm die Anlage, die sich noch in der Testphase befand, eiligst in Betrieb. »Wir erhielten einen Anruf von unseren Vorgesetzten, die fragten: ›Was braucht ihr, damit ihr in drei Monaten fertig seid?‹«, erinnerte sich Feuerbach.

In der Höhle beträgt die Lebensdauer der Teufelsloch-Wüstenkärpflinge etwa ein Jahr, im nachgebildeten Becken können sie doppelt so alt werden. Als ich Devils Hole Jr. besuchte, war die Anlage seit sechs Jahren in Betrieb und enthielt etwa fünfzig Fische. Je nach Blickwinkel sind das viele Wüstenkärpflinge – 15 mehr, als die gesamte Population auf der Erde 2013 betrug – oder aber nicht sonderlich viele. Denn außer Feuerbacher sind in der Anlage noch drei weitere Vollzeitkräfte beschäftigt, somit kommt ein Fischhüter auf etwa dreizehn Fische. Der Fischbestand blieb sicher hinter den Erwartungen des Fish and Wildlife Service zurück. Feuerbacher vermutete, dass ein Käfer dafür verantwortlich sein könnte.

Dieser Schwimmkäfer der Gattung *Neoclypeodytes* war mit den anderen Wirbellosen aus Devils Hole in das Becken gebracht worden und hatte den Umzug allzu gut überstanden. Er vermehrte sich schneller als in seiner natürlichen Umgebung und hatte irgendwann Geschmack an jungen Wüstenkärpflingen gefunden. Als Feuerbacher sich eines Tages Aufnahmen einer speziellen Infrarotkamera ansah, die sie für Wüstenkärpflingslarven einsetzten, beobachtete er, wie einer dieser Käfer, der etwa so groß war wie ein Mohnsamenkorn, zum Angriff überging.

»Es war ungefähr so, wie wenn ein Hund Witterung aufnimmt«, erzählte er. »Er zog immer engere Kreise um diese eine Larve, tauchte dann in die Mitte und zerriss sie.« (Als würde ein Spaniel auf einen Elch losgehen, um beim Hundebild zu bleiben.) In dem Bestreben, den Käferbestand in Schach zu halten, hatte das Personal Fallen aufgestellt. Zum Reinigen der Fallen musste der Inhalt durch ein feines Netz gesiebt und jedes winzige Insekt mit einer Pinzette oder Pipette entfernt werden. Etwa eine Stunde lang schaute ich zwei Mitarbeitern bei dieser Arbeit zu, die sie täglich wiederholen mussten. Nicht zum ersten Mal fiel mir auf, wie viel leichter es ist, ein Ökosystem zu ruinieren, als es zu betreiben.

Je nachdem, wen man fragt, erhält man recht unterschiedliche Angaben, wann das Anthropozän begonnen hat. Experten für Stratigrafie, die Klarheit lieben, favorisieren tendenziell die frühen fünfziger Jahre. Als die Vereinigten Staaten und die Sowjetunion um eine Vorherrschaft nach Art von Dr. Seltsam wetteiferten, führten sie regelmäßig überirdische Atomtests durch, die mehr oder weniger dauerhafte Spuren hinterließen – einen Spitzenwert an radioaktiven Partikeln, von denen manche eine Halbwertszeit von Zigtausenden Jahren haben.[24]

Es ist durchaus kein Zufall, dass die Probleme des *Cyprinodon diabolis* ebenfalls bis in diese Zeit zurückreichen. Im Januar 1952 stellte US-Präsident Harry S. Truman Devils Hole als Exklave des Death Valley National Park unter Schutz. In einer entsprechenden Proklamation gab er als Ziel an, die »einzigartige Rasse von Wüstenkärpflingen« zu schützen, die in diesem »bemerkenswerten unterirdischen Teich« und »nirgendwo sonst auf der Welt« leben.[25] In jenem Frühjahr führte das US-Verteidigungsministerium auf dem Testgelände in Nevada etwa achtzig Kilometer nördlich vom Devils Hole acht Atomwaffentests durch.[26] Im folgenden Frühjahr ließ es elf weitere Atombomben detonieren. Die Pilzwolken, die bis nach Las Vegas zu sehen waren, wurden zur Touristenattraktion.

»Rettet den Wüstenkärpfling«.

Im Laufe der fünfziger Jahre – in denen weitere Atomwaffentests stattfanden – erwarb ein Bauunternehmer namens George Swink Grundstücke rund um Devils Hole. Er hatte vor, eine neue Kleinstadt für die Beschäftigten des Testgeländes aus dem Boden zu stampfen.[27] Nachdem er ein Areal von zwanzig Quadratkilometern zusammengekauft hatte, begann er Brunnen zu bohren, unter anderem einen nur 250 Meter vom Höhleneingang entfernt.

Als Swinks Projekt ins Stocken geriet, kaufte ihm ein anderer Bauunternehmer, Francis Cappaert, Mitte der sechziger Jahre das Gelände ab. Er träumte davon, die Wüste mit Alfalfa zum Blühen zu bringen. Sobald er anfing, Wasser aus dem Grundwasserleiter zu pumpen, sank der Wasserstand im Devils Hole. Bis Ende 1969 war er um zwanzig Zentimeter gefallen, bis zum folgenden Herbst um weitere 25 Zentimeter. Mit sinkendem Wasserstand wurden immer größere Teile des Felsvorsprungs freigelegt. Bis Ende 1970 war das Laichgebiet der Wüstenkärpflinge auf die Größe einer Bordküche geschrumpft.[28] An diesem Punkt kam ein Biologe von der University of Nevada auf die Idee, den Fischen zum Laichen einen

»Tötet den Wüstenkärpfling«.

nachgemachten Felsvorsprung zu bauen. So entstand ein Absatz aus Bauholz und Styropor im tiefen Ende des Teichs. Da diese Seite aber noch weniger Licht erhielt als die flache, installierte die Nationalparkverwaltung eine Lichtleiste mit 150-Watt-Glühlampen, um den Unterschied auszugleichen.[29] (Dieser Aufbau wurde letztlich durch ein Erdbeben zerstört, dessen Zentrum 2500 Kilometer entfernt in Alaska lag; da der Grundwasserleiter so groß ist, kommt es in Devils Hole zu sogenannten seismischen Seiches, also zu Wellen, die Minitsunamis ähneln.)

Unterdessen holte man einige Dutzend Wüstenkärpflinge aus der Höhle, um eine Backup-Population zu schaffen. Einige kamen ins Saline Valley westlich vom Death Valley; andere nach Grapevine Springs im Death Valley. Eine dritte Gruppe schickte man nach Purgatory Spring in der Nähe des Devils Hole und eine vierte zu einem Professor an der California State University in Fresno, der sie in einem Aquarium züchten wollte.[30] Alle diese frühen Versuche, für eine Refugienpopulation zu sorgen, schlugen fehl.

Als 1972 mehr als drei Viertel des Felsvorsprungs trockengefallen war, kam die Bundesregierung zu dem Schluss, dass ihr keine andere Wahl blieb, als Cappaert Enterprises zu verklagen. Als Truman Devils Hole unter Schutz stellte, habe er implizit auch ausreichende Wassermengen geschützt, damit der Wüstenkärpfling überleben könne, argumentierten die Anwälte des Justizministeriums. Der Fall Cappaert vs. United States ging bis vor den Obersten Gerichtshof und spaltete auf seinem Weg durch die Instanzen die Einwohner Nevadas. Manche sahen den Fisch als Sinnbild für die empfindliche Schönheit der Wüste. Für andere war er ein Symbol für staatliche Überregulierung. Auf Autos tauchten Sticker mit der Aufschrift »Save the pupfisch« (»Rettet den Wüstenkärpfling«) auf, schon bald gekontert von rivalisierenden Stickern: »Kill the pupfish« (»Tötet den Wüstenkärpfling«).[31]

Letztlich verlor Cappaert den Prozess. (Alle neun Richter am Obersten Gerichtshof votierten zugunsten der Fische.) In den folgenden Jahrzehnten kaufte ihm der Fish and Wildlife Service das Land ab und machte daraus das Ash Meadows National Wildlife Refuge. In diesem Naturschutzgebiet gibt es einige Picknicktische, Wanderwege und ein Besucherzentrum, das unter anderem einen Wüstenkärpfling aus Plüsch verkauft, der aussieht wie ein wütender Ballon. Vor dem Zentrum weisen zwei Schilder darauf hin, dass Cappaerts Grundbesitz auf dem angestammten Land zweier Ureinwohnerstämme lag: der Nuwuvi und der Newe. Auf der Damentoilette (vielleicht auch auf der Herrentoilette) hängt eine Tafel mit einer Passage aus Edward Abbeys Buch *Die Einsamkeit der Wüste*. Darin schildert der Autor zwar seine Zeit als Ranger im Arches National Park in Utah, geschrieben hat er es jedoch weitgehend in der Bar eines Bordells nur wenige Kilometer von Devils Hole entfernt. »Wasser, Wasser, Wasser«, stellte er fest:

In der Wüste gibt es keine Wasserknappheit, sondern genau die richtige Menge, ein perfektes Verhältnis von Wasser zu Fels, von Wasser zu Sand, das diese weite, freie, offene, großzügige räumliche Verteilung von Pflanzen und Tieren, Häusern und Städten und Großstädten gewährleistet, die den trockenen Westen von allen anderen Gebieten der Nation unterscheidet. Es herrscht hier kein Wassermangel, solange man nicht versucht, eine Stadt zu bauen, wo keine sein sollte.[32]

Jenny Gumm, die Leiterin der Devils-Hole-Nachbildung, hat ihr Büro im Gebäude des Besucherzentrums, allerdings in einem öffentlich nicht zugänglichen Teil. Eines Morgens schaute ich auf einen Plausch bei ihr vorbei. Gumm, die Verhaltensökologie studiert hat, war gerade erst aus Texas nach Nevada gezogen und schäumte über vor Enthusiasmus für ihren neuen Job.

»Devils Hole ist ein so besonderer Ort«, sagte sie mir. »Diese Erfahrung, da hinunterzugehen, wie wir es neulich gemacht haben: ›Nutzt sich das jemals ab?‹, habe ich Leute gefragt. Für mich ist das nicht so, und ich glaube, das wird so bald auch nicht passieren.«

Gumm zog ihr Mobiltelefon hervor, auf dem ein Bild von einem Wüstenkärpfling-Ei war. Am Abend zuvor hatte ein Mitarbeiter der Anlage es aus dem Becken geholt. »Heute müsste ein Herzschlag zu sehen sein«, sagte sie. »Das müsste man sehen können.« Das Ei, das durch das Okular eines Mikroskops fotografiert worden war, sah aus wie eine Glasperle.

Viele Fische – wie Silberkarpfen – legen bei einem Laichvorgang Tausende Eier ab. Das ermöglicht es, sie zu züchten. Teufelsloch-Wüstenkärpflinge legen dagegen jeweils nur ein stecknadelkopfgroßes Ei, und häufig werden diese Eier von ihnen selbst gefressen.

Wir fuhren mit Gumms Truck hinüber zu Devils Hole Jr. und fanden Feuerbacher in der Wüstenfisch-Zuchtstation, einem Raum mit Reihen von Glasbehältern, diversen Gerätschaften und dem Blubbern fließenden Wassers. Feuerbacher suchte das Ei, das in einer eigenen Plastikschale schwamm, und stellte es unter das Mikroskop.

Als man die Devils-Hole-Nachbildung 2013 in aller Eile in Betrieb nahm, bestand eine der ersten Herausforderungen in der Frage, wie man an die Wüstenkärpfling-Population kommen sollte. Da auf der Erde nur noch 35 Teufelsloch-Wüstenkärpflinge übrig geblieben waren, weigerte sich die Nationalparkverwaltung, auch nur ein einziges Brutpaar zu riskieren. Es widerstrebte ihr sogar, Eier herzugeben. Nach monatelangen Gesprächen und Analysen erlaubte sie dem Fish and Wildlife Service schließlich, Eier außerhalb der Saison zu entnehmen, da sie in dieser Zeit in der Höhle ohnehin nur geringe Überlebenschancen hatten. Im ersten Sommer wurde ein einziges Ei entnommen, das anschließend einging. Im folgenden Winter wurden 42 Eier eingesammelt; davon wurden 29 erfolgreich aufgezogen.

Das Ei unter dem Mikroskop belegte, dass die Teufelsloch-Wüstenkärpflinge in der Anlage sich trotz des Schwimmkäferproblems fortpflanzten. Die Mitarbeiter hatten es von einer kleinen Matte geholt, die sie eigens zu diesem Zweck auf dem nachgebildeten Felsvorsprung platziert hatten. Die Matte sah aus wie ein zerfleddertes Stück Flokatiteppich. »Das ist ein gutes Zeichen«, stellte Gumm fest. »Hoffentlich gibt es noch weitere Eier, die auf dem Teppich abgelegt und nicht gefressen wurden.«

Tatsächlich hatten sich in dem Ei ein Herzschlag und leuchtend purpurrote Wirbel entwickelt – entstehende Pigmentzellen. Als ich das winzige Herz in dem winzigen Ei pulsieren sah, fielen mir die ersten Ultraschallbilder meiner eigenen Kinder ein und eine weitere Zeile aus Abbeys Buch, in der er sagt, »dass alle Lebewesen auf Erden verwandt sind«.[33]

Wie Gumm mir erzählte, versuchte sie täglich, einige Zeit am Rand des Beckens zu verbringen und sich einfach nur die Fische anzusehen. An diesem Nachmittag schaute ich sie mir mit ihr gemeinsam an. Teufelsloch-Wüstenkärpflinge sind auf ihre Weise recht auffällig. Ein Pärchen entdeckte ich beim Herumtollen oder vielleicht beim Flirten im tiefen Beckenbereich. Die Fische – blaue

Streifen, die beinahe zu glühen schienen – umkreisten sich in geschmeidigem Einklang. Dann brach der Pas de deux unvermittelt ab, und einer schoss als irisierender Streifen davon.

»Wenn man einen kleinen Schwarm Wüstenkärpflinge durch einen winzigen Teich Wüstenwasser kurven sieht, entdeckt man etwas Grundlegendes über das Staunen«, schrieb der Ökologe Christopher Norment nach einem Besuch am Devils Hole.[34] Das Gleiche gilt auch, wenn es sich um eingeleitetes und desinfiziertes Wasser handelt, dachte ich. Aber als ich auf die Fische in dem Becken hinunterschaute, fragte ich mich: Staunen worüber?

Es wird häufig gesagt, Natur – oder zumindest der Begriff – sei mit Kultur verwoben. Bevor etwas existierte, was man ihr entgegensetzen konnte – Technik, Kunst, Bewusstsein –, gab es lediglich »Natur« und somit eigentlich keine Verwendung für diese Kategorie. Wahrscheinlich stimmt es, dass der Begriff »Natur« zu der Zeit, als er erfunden wurde, bereits mit Kultur verflochten war. Vor 20 000 Jahren wurden Wölfe domestiziert. Das Ergebnis war eine neue Spezies (oder nach manchen Darstellungen eine Subspezies) sowie zwei neue Kategorien: »zahm« und »wild«. Mit der Domestizierung von Weizen vor etwa 10 000 Jahren spaltete sich die Pflanzenwelt. Aus manchen wurden »Nutzpflanzen«, aus anderen »Unkräuter«. In der schönen neuen Welt des Anthropozäns vervielfachen sich die Spaltungen immer weiter.

Man nehme nur die »synanthropen« (aus dem griechischen *syn*, »zusammen« und *anthropos*, »Mensch«) Tierarten, die nicht domestiziert wurden, sich aber aus welchen Gründen auch immer besonders gut an das Leben auf einem Bauernhof oder in einer Großstadt angepasst haben. Zu diesen Arten gehören Waschbären, Amerikanerkrähen, Wanderratten, asiatische Karpfen, Hausmäuse und zwei Dutzend Kakerlakenarten. Kojoten profitieren zwar von menschlichen Eingriffen, meiden aber Gegenden mit regen menschlichen Aktivitäten und gelten daher als »misanthropische Synanthropen«.[35] In der Botanik bezeichnet man heimische Pflanzen, die besonders gut gedeihen, wenn Menschen eine Gegend besiedeln, als »Apophyten« und Pflanzen, die gedeihen, wenn Menschen sie verbreiten, als »Anthropophyten«. Die Anthropophyten lassen sich noch weiter einteilen in »Archäophyten«, die sich vor der Entdeckung der Neuen Welt durch Europäer ausgebreitet haben, und in »Kenophyten«, die sich nach diesem Zeitpunkt verbreitet haben.

Auf jede Spezies, die in Verbindung mit Menschen gut gediehen ist, kommen selbstverständlich viel mehr Arten, die zurückgegangen sind, was eine weitere, trostlosere Liste von Begriffen erforderlich macht. Laut der Weltnaturschutzunion (International Union for Conservation of Nature, IUCN), die die sogenannte Rote Liste führt, gilt eine Spezies als »gefährdet«, wenn ihr Bestand sich innerhalb eines Jahrzehnts oder dreier Generationen – je nachdem, welcher Zeitraum länger ist – um mehr als fünfzig Prozent reduziert hat. In die Kategorie »vom Aussterben bedroht« fällt sie, wenn sie im selben Zeitraum mehr als achtzig Prozent ihrer Population verloren hat. Nach der Einstufung des IUCN kann eine Pflanzen- oder Tierart »ausgestorben«, »in der Natur ausgestorben« oder »möglicherweise ausgestorben« sein. Dieser letztgenannten Kategorie wird sie zugeordnet, wenn sie »nach Abwägung der Belege« wahrscheinlich verschwunden ist, aber ihr Aussterben noch nicht bestätigt wurde. Zu den Hunderten Tierarten, die gegenwärtig als möglicherweise ausgestorben gelistet sind, gehören die Tsushima-Röhrennasenfledermaus, Miss Waldrons Roter Stummelaffe, die Emma-Riesenratte und die Neukaledonien-Nachtschwalbe.[36] Einige Spezies wie der Weißwangen-Kleidervogel oder Poo-uli, ein rundlicher Kleidervogel, der auf Maui heimisch war, wandelt (oder hüpft) nicht mehr auf der Erde, sondern lebt nur noch in Form von Zellen fort, die in Flüssigstickstoff konserviert sind. (Für diesen seltsamen Zustand verschobener Animation hat man bisher noch keinen Begriff geprägt.)

Eine Möglichkeit, mit der Biodiversitätskrise umzugehen, wäre, sie schlicht zu akzeptieren. Schließlich war die Geschichte des Lebens auf der Erde schon immer von großen und sehr, sehr großen Aussterbeereignissen durchsetzt. Der Asteroideneinschlag, der zum Ende der Kreidezeit führte, löschte etwa 75 Prozent aller Tier- und Pflanzenarten der Erde aus. Niemand weinte um sie, und schließlich entwickelten sich neue Arten, die an ihre Stelle traten. Aber es widerstrebt den Menschen, der Asteroid zu sein – aus welchen Gründen auch immer: sei es Naturverbundenheit, Sorge um Gottes Schöpfung oder atemberaubende Angst. Daher haben wir eine neue Klasse von Tieren geschaffen, Lebewesen, die wir an den Rand des Abgrunds getrieben und dann zurückgerissen haben. Der Fachbegriff für solche Kreaturen lautet »naturschutzabhängige Arten«, allerdings könnten wir sie ebenso gut »Stockholm-Arten« nennen, weil sie voll und ganz von ihren Verfolgern abhängig sind.[37]

Der Teufelsloch-Wüstenkärpfling ist eine klassische Stockholm-Spezies. Als der Wasserstand in den ausgehenden sechziger Jahren sank, hielten der von der Nationalparkverwaltung nachgebaute Felsvorsprung und die installierten Lichtleisten die Fischart am Leben. Nachdem die Gerichte die Wasserentnahme in der Nähe der Höhle verboten hatten, stieg der Wasserstand allmählich wieder, erholte sich aber nie wieder vollständig. Heute ist er immer noch etwa dreißig Zentimeter niedriger, als er sein sollte. In der Folge hat sich das Ökosystem im Teich verändert und das Nahrungsnetz hat sich ausgedünnt. Seit 2006 versorgt die Parkverwaltung die Tiere mit zusätzlicher Nahrung, unter anderem mit Salinenkrebsen und Kiemenfußkrebsen – ein Essenslieferdienst für Fische.

Was die Teufelsloch-Wüstenkärpflinge in dem 380 000-Liter-Becken angeht, so würden sie ohne die Fürsorge von Gumm, Feuerbacher und den anderen Fischflüsterern nicht einmal eine Jahreszeit lang überleben. Die Bedingungen in dem Wasserbecken sollen die Natur so genau wie möglich nachbilden – bis auf den einzigen Aspekt, der das echte Devils Hole so anfällig macht: Die Nachbildung entzieht sich der Störungen durch Menschen, weil sie durch und durch von Menschen gemacht ist.

Es existiert keine genaue Schätzung, wie viele Spezies mittlerweile ebenso wie der Teufelsloch-Wüstenkärpfling naturschutzabhängig sind. Ihre Zahl geht mindestens in die Tausende. Auch die Art der Unterstützung, die sie benötigen, ist vielfältig. Neben zusätzlichem Futter und der Zucht in Gefangenschaft gehören dazu: Doppelgelege, »Headstarting« (Menschen ziehen Tierjunge auf und wildern sie dann aus), Gehege, Einfriedung geschützter Flächen, kontrollierte Brände, Chelatisierung, gelenkte Migration, Handbestäubung, künstliche Befruchtung, Training der Raubtiervermeidung und konditionierte Geschmacksaversion. Alljährlich wächst diese Liste. »Alte Dinge für die alten Leute und neue Dinge für die neuen«, stellte Thoreau fest.[38]

Das Ash Meadows National Wildlife Refuge hat eine Fläche von 93 Quadratkilometern, ist also annähernd so groß wie die Bronx. In diesem Areal leben 26 Spezies, die sonst nirgendwo auf der Welt zu finden sind. Laut einer Broschüre, die im Besucherzentrum auslag, ist das »die höchste Konzentration endemischen Lebens in den Vereinigten Staaten und die zweithöchste ganz Nordamerikas«.

Dass harte Bedingungen Diversität fördern, ist Lehrbuch-Darwinismus. In einer Wüste werden Populationen zunächst physisch, dann auch reproduktiv isoliert, wie es auch auf Archipelen der Fall ist. Die Fische der Mojave-Wüste und der benachbarten Great Basin Desert sind in dieser Hinsicht mit den Finken der Galapagosinseln vergleichbar. Jede Art lebt auf ihrer eigenen kleinen Wasserinsel in einem Sandmeer.

Zweifellos sind viele dieser »Wasserinseln« trockengefallen, bevor jemand sich die Mühe gemacht hat, aufzuzeichnen, was darin lebte. Schon die Schriftstellerin Mary Austin stellte 1903 fest, es sei

»das Schicksal eines jeden größeren Baches im Westen, zu einem Bewässerungsgraben zu werden«.[39] Zu den Lebewesen, die sich lange genug hielten, dass ihr Aussterben bemerkt wurde, gehören der Karpfenfisch *Lepidomeda altivelis* (zuletzt gefunden 1938), der Las Vegas Dace (zuletzt gesehen 1940), der Ash-Meadows-Killifisch (zuletzt gesehen 1948), der Raycraft-Ranch-Killifisch (zuletzt gesehen 1953) und der Tecopa-Kärpfling (zuletzt gesehen 1970).[40]

Ein weiterer Wüstenkärpfling, der Owens-Wüstenkärpfling, galt als ausgestorben, bis man ihn 1964 wiederentdeckte. Er hielt sich 1969 gerade noch in einem Tümpel von der Größe eines Aufenthaltsraums, als dieser Teich aus unerklärlichen Gründen zu einer Pfütze schrumpfte. Jemand alarmierte Phil Pister, einen Biologen des California Department of Fish and Game, der umgehend an diesen Ort namens Fish Slough eilte. Pister sammelte alle verbliebenen Owens-Wüstenkärpflinge ein, um sie in ein nahe gelegenes Gewässer zu bringen. Sie passten in zwei Eimer.

»Ich erinnere mich deutlich, dass ich eine Todesangst hatte«, schrieb er später. »Ich war kaum 15 Meter weit gegangen, als mir klar wurde, dass ich die Existenz einer ganzen Wirbeltierspezies buchstäblich in Händen hielt.«[41] In den folgenden Jahrzehnten setzte sich Pister für die Rettung des Owens-Wüstenkärpflings und des Teufelsloch-Wüstenkärpflings ein. Häufig fragten ihn Leute, warum er so viel Zeit für derart unbedeutende Tiere aufwandte.

»Wozu sind Wüstenkärpflinge gut?«, fragten sie.

»Wozu seid ihr gut?«, erwiderte er.

Ich schaute mir in der Mojave-Wüste so viele Fische an, wie ich konnte – sozusagen beim Inselhopping. In einem Teich unweit vom Devils Hole leben die Ash-Meadows-Wüstenkärpflinge (*Cyprinodon nevadensis mionectes*). Den Teich umgibt eine so dürre Landschaft, dass sie an Manlys unselige Reise erinnert. Schon auf dem wenige hundert Meter langen Fußweg von der Straße dachte ich: Selbst heute noch könnte jemand in der Mojave-Wüste sterben, ohne dass es jemand bemerken würde. Die Ash-Meadows-

Wüstenkärpflinge, die wie eine blassere Version der Teufelsloch-Wüstenkärpflinge aussehen, schossen hin und her – ob kämpfend oder flirtend konnte ich wieder einmal nicht unterscheiden.

Fünfzig Kilometer entfernt in der Kleinstadt Shoshone, Kalifornien, lebt eine weitere Unterart, der Shoshone-Wüstenkärpfling (*Cyprinodon nevadensis shoshone*). Wie der Owens-Wüstenkärpfling galt auch er als ausgestorben, bis man ihn in einem Wasserdurchlass neben einem Campingplatz wiederentdeckte. Der Campingplatz sowie das einzige Restaurant und der einzige Laden des Ortes gehören Susan Sorrells. Mit Unterstützung verschiedener Behörden legte sie eine Reihe von Teichen für die Shoshone-Wüstenkärpflinge an, die sich als wesentlich anpassungsfähiger als ihre Verwandten im Devils Hole erwiesen.

»Sie waren fast ausgestorben und sind jetzt wieder reichlich da«, erzählte mir Sorrells. Die Thermalquellen, die ihre Wüstenkärpflingteiche speisen, versorgen auch das örtliche Schwimmbad, in dem ich mich eines Nachmittags abkühlte. Außer mir war dort noch ein bärtiger Mann, der auf dem Rücken zwei große Hakenkreuz-Tattoos trug, wie ich entsetzt sah, als er sich umdrehte.

Auch die Stadt Pahrump hatte früher ihre eigene Fischart, den Pahrump-Killifisch (*Empetrichthys latos*), den es nach wie vor gibt, allerdings leider nicht mehr in Pahrump. Sein ursprüngliches Habitat war ein von einer Quelle gespeister Teich, in den jemand absichtlich oder unabsichtlich Goldfische gesetzt hatte. Die Goldfische gediehen, während die Killifisch-Population einbrach. In den sechziger Jahren verschlimmerte das Abpumpen von Grundwasser die ohnehin schon schlechte Lage weiter. Als der Teich kurz vor dem völligen Austrocknen stand, unternahm ein Biologe der University of Nevada 1971 in letzter Minute einen Rettungsversuch. Wie Pister brachte er die verbliebenen Fische in einem Eimer weg. Es gelang ihm, 32 von ihnen zu retten – zumindest lautet so die Geschichte.[42]

Seit seiner Rettung lebt der Pahrump-Killifisch in einer Wasserdiaspora und wandert von einem Teichexil zum anderen – vielmehr wird er per Lastwagen dorthin gebracht. Kevin Guadalupe, ein Biologe des Nevada Department of Wildlife, ist der Moses dieser Fische. Ich traf ihn in seinem Büro in Las Vegas, in dem ein Poster mit vierzig in Nevada heimischen Fischarten hing. »Fast alle da Abgebildeten sind gefährdet«, sagte er und deutete auf das Poster. Als er mir seine Visitenkarte gab, sah ich darauf ein pinienkerngroßes Bild eines Killifischs.

In Wirklichkeit sind Pahrump-Killifische etwa fünf Zentimeter lang und haben einen dunklen Körper mit gelben Streifen und gelbliche Flossen. Wie der Teufelsloch-Wüstenkärpfling entwickelten sie sich in einer rauen Umgebung und wurden mangels Konkurrenz zu Spitzenräubern. Guadalupes Arbeit besteht großenteils in Bestrebungen, zu verhindern, dass die Killifische echten Räubern begegnen. In dem Maße, wie Leute mehr Spezies in die Wüste bringen, treten immer mehr Notlagen auf.

»Oft rasen wir von einem Notfall zum anderen«, erzählte mir Guadalupe. Auf der Spring Mountain Ranch, einem Naturpark etwa achtzig Kilometer von Pahrump entfernt, sahen wir uns einen trockengefallenen See an, in dem früher etwa 10 000 Pahrump-Killifische gelebt hatten. (Die Ranch gehörte einmal Howard Hughes, der zu der Zeit, als er sie kaufte, jedoch schon zu viel Angst vor Krankheitserregern hatte und seine Hotelsuite in Las Vegas nicht mehr verließ.) Nachdem manche Leute den Inhalt ihrer Aquarien in den See gegossen hatten, waren die Killifische mit den eingeschleppten Raubfischen nicht mehr fertiggeworden und waren praktisch eliminiert worden. Um die anderen eingeschleppten Arten – zu denen eigentlich auch der Killifisch gehörte – loszuwerden, hatte man den See völlig trockengelegt. Nun buk der rote, rissige Lehmboden des Seegrunds in der Sonne. Schon der Umwelthistoriker J. R. McNeill hatte, Marx paraphrasierend, gesagt: »Menschen schaffen sich ihre eigene Biosphäre, aber sie machen sie nicht einfach so, wie es ihnen gefällt.«[43]

Im Desert National Wildlife Refuge knapp 65 Kilometer von Pahrump entfernt besuchten wir einen weiteren belagerten Teich.

»Da drüben ist einer«, sagte Guadalupe und deutete auf etwas, was aussah wie ein kleiner Hummer, der seinen Kopf aus dem Schlamm reckte. Es war ein kleiner roter Sumpfkrebs, wie sie an der Golfküste von Mexiko bis Florida heimisch sind. Sie wurden in Mengen weiterverbreitet, weil die Leute sie gerne essen. Die roten Sumpfkrebse fressen wiederum gern Killifische. Um den Fischen eine Chance zu geben, hatte Guadalupe ihnen falsche Riffe gebaut, auf denen sie laichen konnten. Sie bestanden aus glatten Kunststoffzylindern, aus deren oberem Ende künstliche Grasbüschel ragten. Guadalupe hoffte, dass diese Zylinder zu glatt waren, als dass hungrige Krebse daran hinaufklettern könnten.

Das letzte Killifisch-Refugium, das wir anfuhren, lag in einem Park in Las Vegas. Als wir dort um die Mittagszeit ankamen, war es unvorstellbar heiß, und niemand, der einigermaßen bei Verstand war, hielt sich draußen auf.

In dieser Nacht, meiner letzten in Nevada, stieg ich im Paris am Las Vegas Strip ab und hatte ein Zimmer mit Blick auf den Eiffelturm. Und da dies nun mal Las Vegas war, stand er in einem Swimmingpool. Das Wasser war blau von Frostschutzmittel. Irgendwo in Poolnähe hämmerte aus einer Verstärkeranlage ein dumpfer, pulsierender Beat, der durch die geschlossenen Fenster im siebten Stock zu mir durchdrang. Ich hätte wirklich gern etwas getrunken, konnte mich aber nicht durchringen, noch einmal in die Lobby zu gehen, vorbei an Le Concièrge, Les Toilets und La Réception, um eine pseudofranzösische Bar zu suchen. Ich dachte an die Teufelsloch-Wüstenkärpflinge in ihrer Höhlennachbildung und fragte mich: Ob sie sich in finstereren Momenten wohl ähnlich fühlen mochten?

4

Ruth Gates verliebte sich beim Fernsehen in das Meer. Schon im Grundschulalter saß sie vor dem Gerät und schaute gebannt Jacques Cousteaus Dokumentarfilmreihe *Geheimnisse des Meeres*. Die Farben, die Formen, die Vielfalt der Überlebensstrategien – das Leben unter Wasser erschien ihr spektakulärer als das darüber. Ohne wesentlich mehr zu wissen als das, was sie in der Dokumentarserie erfahren hatte, beschloss sie, Meeresbiologin zu werden.

»Obwohl Cousteau durch das Fernsehen kam, offenbarte er etwas über die Ozeane, wie es noch niemand zuvor geschafft hatte«, erzählte sie mir.

Gates wuchs in England auf und studierte an der Newcastle University, wo Meeresbiologie vor dem Hintergrund der Nordsee gelehrt wurde. Sie belegte ein Seminar über Korallen und war wieder einmal verblüfft. Ihr Professor erklärte, Korallen seien winzige Tiere, in deren Zellen wiederum noch kleinere Pflanzen lebten. Gates fragte sich, wie ein solches Arrangement möglich sei. »Diese Vorstellung bekam ich einfach nicht in meinen Kopf«, erzählte sie. So zog sie 1985 nach Jamaika, um Korallen und ihre Symbionten zu erforschen.

Es war aufregend, eine solche Arbeit zu machen. Neue Technologien der Molekularbiologie ermöglichten es, das Leben aus nächster Nähe zu beobachten. Aber es war auch eine verstörende Zeit, denn die Korallenriffe in der Karibik starben. Manche gingen durch Baumaßnahmen zugrunde, andere durch Überfischung und Umweltverschmutzung. Zwei der Haupttriffbildner der Region – Geweihkoralle und Elchgeweihkoralle – wurden durch eine Krankheit vernichtet, die man als Weißbrandkrankheit bezeichnet.

(Beide Arten sind mittlerweile als vom Aussterben bedroht eingestuft.) Im Laufe der achtziger Jahre verschwand etwa die Hälfte der Korallendecke der Karibik.[1]

Gates setzte ihre Forschung an der University of California in Los Angeles und an der University of Hawaii fort. Unterdessen wurden die Aussichten für die Korallenriffe immer düsterer. Der Klimawandel trieb die Meerestemperaturen über die Toleranzschwelle vieler Arten. Eine sogenannte Korallenbleiche, ausgelöst durch hohe Wassertemperaturen, ließ 1998 weltweit mehr als 15 Prozent der Korallen absterben.[2] Zu einer weiteren weltweiten Korallenbleiche kam es 2010. Dann setzte 2014 eine Hitzewelle in den Meeren ein, die nahezu drei Jahre lang anhielt.

Die Gefahr durch die Meereserwärmung wurde durch tiefgreifende Veränderungen der Meeresbiologie noch verschärft. Korallen gedeihen in basischem Wasser, aber Emissionen fossiler Brennstoffe machten das Meerwasser saurer. Ein Forscherteam berechnete, dass einige weitere Jahrzehnte steigender Emissionen dazu führen würden, dass die Korallenriffe »nicht mehr wachsen und sich auflösen beginnen«.[3] Eine andere Gruppe sagte voraus, dass Besucher an Orten wie dem Great Barrier Reef um die Mitte des 21. Jahrhunderts kaum noch mehr finden dürften als »schnell erodierende Schuttbänke«.[4] Gates konnte sich nicht durchringen, noch einmal nach Jamaika zurückzukehren, da so viel von dem, was sie an diesem Ort geliebt hatte, verloren gegangen war.

Aber Gates war ein »Glas-halb-voll-Typ«, wie sie selbst sagte. Sie beobachtete, dass manche Korallenriffe, die man bereits als abgestorben aufgegeben hatte, sich wieder erholten. Dazu gehörten Riffe, die sie sehr gut kannte. Was wäre, wenn es Eigenschaften gäbe, die bestimmte Korallen robuster machten als andere? Und was, wenn man diese Merkmale identifizieren könnte? Vielleicht könnten Meeresbiologen dann mehr tun, als lediglich die Hände zu ringen. Wenn es möglich wäre, widerstandsfähigere Korallen zu züchten, ließen sich die Korallenriffe der Welt vielleicht so umgestalten, dass sie die Versauerung der Meere und den Klimawandel überleben würden.

Gates skizzierte ihre Idee schriftlich und reichte sie bei einem Wettbewerb, der Ocean Challenge, ein. Sie gewann. Das Preisgeld – 10 000 US-Dollar – reichte kaum, um den Pipettenbedarf eines Forschungslabors zu decken, aber die Stiftung, die den Wettbewerb gesponsert hatte, bat sie, einen detaillierteren Vorschlag einzureichen. Diesmal erhielt sie Fördermittel in Höhe von vier Millionen Dollar. Medienberichte über die Förderung behaupteten, dass Gates und ihre Kollegen »Superkorallen« züchten wollten. Gates griff dieses Konzept auf. Einer ihrer Doktoranden entwarf ein Logo: eine verzweigte Koralle mit einem großen roten S auf der Brust, wie man es anthropozentrisch nennen könnte.

Ich traf Gates im Frühjahr 2016, etwa ein Jahr nachdem sie die Superkorallen-Fördermittel bekommen hatte und nicht lange nachdem sie die Leitung des Hawaii Institute of Marine Biology übernommen hatte. Das Institut ist auf seiner eigenen kleinen Insel in der Kaneohe Bay vor Oahu untergebracht, auf Moku o Lo'e. (Wer je die Fernsehserie *Gilligans Insel* gesehen hat, kennt Moku o Lo'e aus dem Vorspann.) Es gibt keine öffentlichen Transportmittel zur Insel, Besucher gehen an die Anlegestelle, und der Bootsführer des Instituts fährt sie hinüber, sofern sie angemeldet sind.

Als ich ausstieg, begrüßte mich Gates, und wir gingen in ihr Büro, das äußerst spartanisch und sehr weiß war. Die Fenster gaben den Blick auf die Bucht und auf einen Militärstützpunkt am anderen Ufer frei – Marine Corps Base Hawaii. (Die Basis wurde im Zweiten Weltkrieg nur wenige Minuten vor dem Angriff auf Pearl Harbour von den Japanern bombardiert.) Wie Gates mir erzählte, hatte die Kaneohe-Bucht sie zu dem Superkorallenprojekt inspiriert. Über einen Großteil des 20. Jahrhunderts hinweg waren Abwässer ungeklärt in die Bucht geflossen. In den siebziger Jahren waren die dortigen Korallenriffe weitgehend zusammengebrochen.

Meeresalgen hatten überhandgenommen und das Wasser der Bucht gespenstisch leuchtend grün gefärbt. Doch dann hatte man eine Kläranlage in Betrieb genommen. Später hatte der Bundesstaat zusammen mit der Naturschutzorganisation The Nature Conservancy und der University of Hawaii ein Gerät entwickelt, das Algen vom Meeresgrund saugte – im Grunde ein Schiff mit riesigen Saugschläuchen. Nach und nach erholten sich die Korallenriffe. Inzwischen gibt es in der Bucht über fünfzig sogenannte Fleckenriffe.

»Kaneohe Bay ist ein hervorragendes Beispiel für ein stark gestörtes Umfeld, in dem einzelne Exemplare, überdauert haben«, erklärte mir Gates. »Die Korallen, die überlebt haben, sind die robustesten Genotypen. Das heißt: Was dich nicht umbringt, macht dich stärker.«

Insgesamt verbrachte ich eine Woche mit Gates auf Moku o Lo'e. An einem Tag schauten wir uns Korallen durch ein riesiges Laser-Scanning-Mikroskop an. Gates zeigte mir die Anordnung, die sie als Studentin so verwirrend gefunden hatte. In den winzigen Korallenzellen erkannte ich ihre noch winzigeren pflanzlichen Symbionten. An einem anderen Tag schnorchelten wir. Schon seit zwei Jahren herrschte im Meer eine Hitzewelle, die 2014 begonnen hatte, und viele der Korallenkolonien in der Bucht waren gespenstisch weiß. Die meisten würden es wohl nicht schaffen, meinte Gates. Andere waren jedoch noch farbenfroh – hell- oder dunkelbraun oder grünlich. Diesen Korallen ging es gut. »Es ist wirklich ermutigend, zu sehen, dass diese Riffe so widerstandsfähig sind«, sagte Gates.

Am dritten Tag besuchten wir eine Reihe von Freiluftaquarien, in denen Korallen aus der Bucht unter streng kontrollierten Bedingungen gehalten wurden. Das Ziel war nicht etwa, ihnen eine optimale Umgebung zu bieten wie den Teufelsloch-Wüstenkärpflingen in ihrem Becken, sondern mehr oder weniger das Gegenteil: Die Korallen wurden unter kalibrierten Stressbedingungen gezüchtet. Diejenigen, die gediehen – oder zumindest überlebten –, wurden gekreuzt und ihre Nachkommen wieder in die Aquarien gebracht und weiterem Stress ausgesetzt. Man hoffte, dass die Korallen unter diesem Selektionsdruck eine Art »assistierte Evolution« durchmachen würden und man sie dann als Keimzelle zukünftiger Riffe nutzen könnte.

»Ich bin Realistin«, sagte Gates mir. »Ich kann nicht länger hoffen, dass unser Planet sich nicht radikal verändern wird. Er hat sich schon jetzt verändert.« Die Menschen könnten den Korallen entweder »helfen«, mit den von ihnen verursachten Veränderungen fertigzuwerden, oder sie könnten ihnen beim Sterben zusehen. Alles andere war ihrer Ansicht nach Wunschdenken. »Viele Leute wollen auf irgendeinen Stand zurück«, sagte sie. »Sie glauben, wenn wir nur aufhören, bestimmte Dinge zu tun, wird das Riff wieder so werden, wie es früher war.«

»Eigentlich bin ich eine Futuristin«, erklärte sie mir einmal. »Unser Projekt bedeutet, sich einzugestehen, dass eine Zukunft kommt, in der die Natur nicht mehr völlig natürlich ist.«

Gates war so charismatisch, dass ich mich von ihr inspiriert fühlte, obwohl ich mit einem Notizbuch voller Zweifel nach Moku o Lo'e gekommen war. Zwei Mal gingen wir abends zusammen essen, nachdem sie ihre Arbeit am Institut für den Tag abgeschlossen hatte, und im Laufe unserer Gespräche wurde aus unserer Beziehung zwischen Reporterin und Interviewpartnerin so etwas wie Freundschaft. Als ich Vorbereitungen für einen weiteren Besuch bei Gates traf, um zu sehen, wie die Superkorallen sich machten, schrieb sie mir, dass sie im Sterben liege. Allerdings formulierte sie es nicht so. Vielmehr teilte sie mir mit, dass sie Krankheitsherde im Gehirn habe, zur Behandlung nach Mexiko fahre und die Krankheit besiegen werde, was immer es auch sein mochte.

Charles Darwin war über Korallen ebenso verblüfft wie Ruth Gates. Seinem ersten Korallenriff begegnete er 1835, als er auf der

Beagle von den Galapagosinseln nach Tahiti segelte und vom Schiffsdeck aus im offenen Meer »mehrere der merkwürdigsten Ringe von Korallen-Land« entdeckte – was man heute als Atolle bezeichnen würde. Darwin wusste, dass Korallen Tiere waren und die Riffe ihr Werk. Dennoch verblüfften ihn diese Formationen. »Diese niedrigen hohlen Korallen-Inseln stehen in gar keinem Verhältnis zu dem ungeheuren Ozean, aus dem sie sich ganz plötzlich erheben«, schrieb er.[5] Er fragte sich, wie eine derartige Anordnung möglich sei.

Jahrelang grübelte Darwin über dieses Rätsel nach, das er zum Thema seiner ersten größeren wissenschaftlichen Arbeit machte: *Über den Bau und die Verbreitung der Korallenriffe.* Als Erklärung – die damals umstritten war, mittlerweile aber als zutreffend anerkannt ist – schlug er vor, im Zentrum eines jeden Atolls liege ein erloschener Vulkan. An dessen Flanken hätten sich Korallen angesiedelt, und nachdem der Vulkan erloschen und nach und nach abgesunken sei, sei das Riff weiter nach oben zum Licht gewachsen. Ein Atoll ist also, laut Darwin, »ein Denkmal über einer jetzt verschwundenen Insel«, erbaut von unzähligen winzigen Architekten.[6]

Im selben Monat als Darwin seine Monografie über Korallenriffe veröffentlichte – Mai 1842 –, umriss er erstmals seine revolutionären Ideen zur Evolution oder »Transmutation der Arten«, wie dieses Phänomen zu seiner Zeit genannt wurde. Die mit Bleistift geschriebene Skizze bestand laut einer seiner Biografinnen aus »35 Folioseiten mit unleserlichem, unvollständigem Gekritzel«.[7] Darwin legte den Essay in eine Schublade. Nachdem er das Manuskript 1844 auf 230 Seiten erweitert hatte, legte er es erneut weg. Sein Zögern, mit seinen Ideen an die Öffentlichkeit zu gehen, hatte diverse Gründe, unter anderem das nahezu vollständige Fehlen von Beweisen.

Darwin war überzeugt, dass die Evolution sich nicht beobachten ließe. Dieser Prozess ging zu langsam vor sich, als dass man ihn im Laufe einer oder auch mehrerer menschlicher Lebensspan-

Fig. 18.—English Pouter.

Kropftaube mit aufgeblasenem Kropf.

nen hätte wahrnehmen können. »Wir sehen nichts von diesen langsam fortschreitenden Veränderungen, bis die Hand der Zeit auf eine abgelaufene Weltperiode hindeutet«, schrieb er.[8] Wie sollte er seine Theorie also beweisen?

Die Lösung fand er bei den Tauben. Das viktorianische England hatte eine große Vorliebe für Rassetauben. (Sogar Königin Victoria hielt diese Vögel.) Es gab Taubenzüchtervereine, Taubenausstellungen und Taubengedichte. »Im Schatten dieses Lorbeerhags / ruht der Patriarch des Taubenschlags«, begann eine Ode an einen geliebten Vogel, der im Alter von zwölf Jahren verstorben war.[9] Taubenliebhaber schwärmten für Dutzende Varietäten: Pfautauben, die, wie der Name schon andeutet, extravagante, fächerförmige Schwanzfedern besitzen; Purzler, die im Flug Purzelbäume schlagen; Nönnchen, die aussehen, als trügen sie eine Halskrause; Barbtauben, deren Augen von einem Hautlappen umgeben sind; und Kropftauben, die ihren Kropf so aufblasen können, dass sie aussehen, als hätten sie einen Ballon verschluckt.

Darwin errichtete eine Voliere in seinem Garten und experimentierte bei seinen Vögeln mit allen erdenklichen Kreuzungen – etwa von Nonnentauben mit Purzlern oder von Barbtauben mit Pfautauben. Er kochte die Kadaver der Vögel, um an ihr Skelett zu gelangen – wobei er »sich furchtbar übergeben musste«, wie er berichtete.[10] Als er sich endlich 1859 entschloss, *Über die Entstehung der Arten* zu veröffentlichen, stolzierten Tauben über die Buchseiten.

»Ich habe alle Rassen gehalten, die ich mir kaufen oder sonst verschaffen konnte«, schrieb er im ersten Kapitel. »Ich habe mich mit einigen ausgezeichneten Taubenliebhabern verbunden und mich in zwei Londoner Tauben-Clubs aufnehmen lassen.«[11]

Für Darwin lieferten Nönnchen, Pfautauben, Purzler und Barbtauben wichtige, wenngleich indirekte Belege für die Transmutation der Arten. Indem Taubenzüchter entschieden, welche Vögel sich fortpflanzen durften, hatten sie Abstammungslinien hervorgebracht, die kaum noch Ähnlichkeit miteinander hatten. »Wie langsam aber auch der Prozeß der Zuchtwahl sein mag: wenn der schwache Mensch in kurzer Zeit schon so viel durch seine künstliche Zuchtwahl tun kann, so vermag ich keine Grenze für den Umfang der Veränderungen [...] zu erkennen, welche die natürliche Zuchtwahl [...] zu bewirken imstande gewesen sein mag«, spekulierte Darwin.[12]

Eineinhalb Jahrhunderte nach dem Erscheinen von *Über die Entstehung der Arten* ist Darwins Argumentation anhand von Analogien noch heute überzeugend, auch wenn es von Jahr zu Jahr schwieriger wird, an klaren Begrifflichkeiten festzuhalten. Der »schwache Mensch« verändert das Klima, und das übt einen starken Selektionsdruck aus. Das Gleiche gilt für unzählige Formen globaler Veränderungen: Waldrodung, Habitatfragmentierung, eingeschleppte Raubtiere und Krankheitserreger, Lichtverschmutzung, Luft- und Wasserverschmutzung, Herbizide, Insektizide und Rodentizide. Wie nennt man die natürliche Zuchtwahl nach dem *Ende der Natur*?[13]

Madeleine van Oppen traf Ruth Gates 2005 auf einer Tagung in Mexiko. Van Oppen ist Niederländerin, lebte damals aber schon seit nahezu zehn Jahren in Australien. Die beiden Frauen waren charakterlich äußerst unterschiedlich – van Oppen ist ebenso reserviert, wie Gates extrovertiert war, aber sie verstanden sich auf Anhieb. Auch van Oppen hatte ihre wissenschaftliche Laufbahn begonnen, als gerade neue molekularbiologische Instrumente verfügbar wurden, und auch sie hatte deren Stärken bald erkannt. Die beiden hielten regelmäßig über die Zeitzonen hinweg miteinander Kontakt und verfassten gemeinsam einige Fachartikel. Schließlich lud Gates van Oppen 2011 zu einer Tagung in Santa Barbara ein. Dort stellten sie fest, dass sie sich beide für die Mechanismen interessierten, die Korallen zum Umgang mit Umweltbelastungen einsetzten. Ließen diese Mechanismen sich irgendwie nutzen, um ihnen bei der Bewältigung des Klimawandels zu helfen?

»Wir unterhielten uns viel über die Idee der ›assistierten Evolution‹«, erzählte mir van Oppen. »Wir haben diesen Begriff praktisch erfunden.« Die Bewerbung, die Gates bei der Ocean Challenge einreichte, hatte sie gemeinsam mit van Oppen verfasst. Darin war für den Fall, dass sie gewinnen sollten, festgelegt, dass die Hälfte des Geldes nach Hawaii und die andere nach Australien fließen sollte.

Fast auf den Tag genau ein Jahr nach Gates' Tod besuchte ich van Oppen. Wir trafen uns in ihrem Büro in der University of Melbourne, das im ehemaligen Botanikgebäude der Universität liegt, an einem Korridor nicht weit von einem Buntglasfenster mit der Darstellung einer heimischen Orchidee.

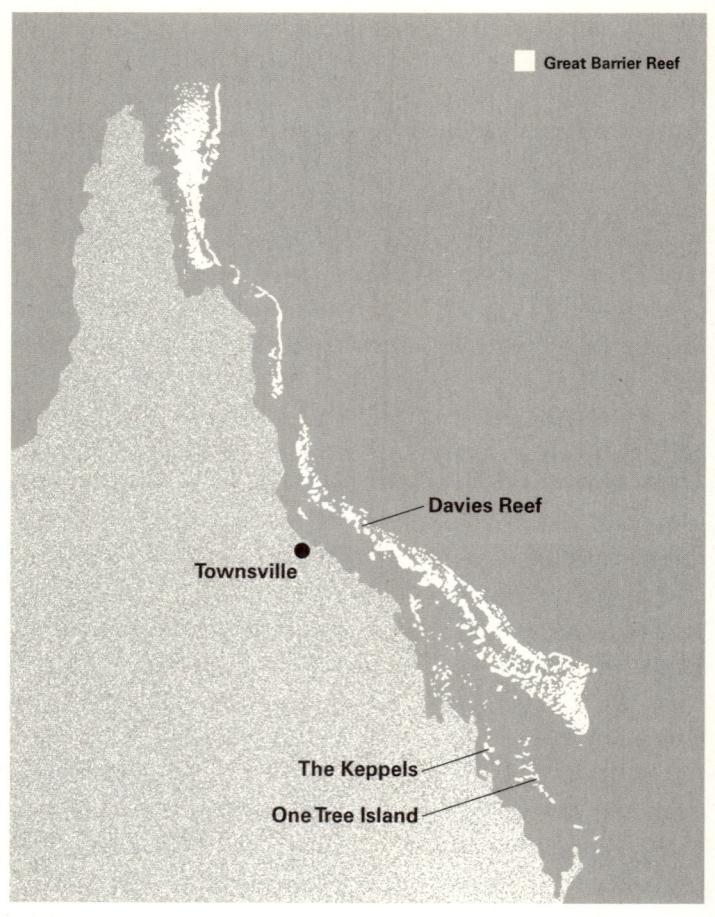

»Sie war so munter, so energiegeladen«, sagte van Oppen und ihre Miene verfinsterte sich. »Ich kann es immer noch nicht fassen, dass sie nicht mehr da ist. Das macht einem wirklich klar, wie zerbrechlich das Leben ist.«

Seit meinem Besuch auf Hawaii hatte das Superkorallenprojekt Fortschritte gemacht, das galt allerdings auch für die Korallenkrise.

Die Hitzewelle, die in Hawaii 2014 begonnen hatte, hatte 2016 das Great Barrier Reef erreicht und zu einer weiteren weltweiten Korallenbleiche geführt. Als sie im folgenden Jahr endete, waren über neunzig Prozent[14] des Great Barrier Reef betroffen und etwa die Hälfte der Korallen abgestorben.[15] Schnell wachsende Arten waren besonders in Mitleidenschaft gezogen worden; sie erlitten einen »katastrophalen« Zusammenbruch, wie Forscher es nannten.[16] Terry Hughes, ein Korallenbiologe an der australischen James Cook University, machte Luftaufnahmen von den Schäden und zeigte sie seinen Studierenden. »Und dann mussten wir weinen«, twitterte er.

Bei einer Korallenbleiche bricht die Beziehung der Korallen zu ihren Symbionten zusammen. Wenn die Wassertemperatur steigt, geraten die Algen unter Stress und geben gefährliche Mengen von Sauerstoffradikalen ab. Um sich zu schützen, stoßen die Korallen ihre Algensymbionten ab und werden weiß. Endet eine Hitzewelle noch rechtzeitig, können die Korallen neue Symbionten anlocken und sich erholen. Dauert die Hitze jedoch zu lange, verhungern sie und sterben ab.

An dem Tag als ich van Oppen besuchte, hatte sie eine Besprechung mit ihren Studierenden und Postdoktoranden in ihrem Labor. Sie kamen aus einer ähnlich großen Länderauswahl wie der UN-Sicherheitsrat – Australien, Frankreich, Deutschland, China, Israel und Neuseeland. Van Oppen ging um den Tisch und ließ sich auf den aktuellen Forschungsstand bringen. Die meisten Anwesenden berichteten von ihren Schwierigkeiten, den einen oder anderen Organismus zur Mitwirkung zu bewegen, und meist ließ van Oppen sie einfach erzählen. »Das ist seltsam«, sagte sie schließlich zu einem Postdoktoranden, dessen Schwierigkeiten besonders unerklärlich erschienen.

Was van Oppen und ihr Team anging, war kein Mitglied der Riffgemeinschaft zu klein, als dass es nicht potenziell einen Unterschied bewirkt hätte. Manche mit Korallen assoziierte Bakterien können offenbar besonders gut Sauerstoffradikale einfangen; daher erforschte die Gruppe unter anderem die Möglichkeit, Korallenriffe resistenter gegen eine Bleiche zu machen, indem man sie mit einer Art marinem Probiotikum versorgte. Vielleicht könnte man auch die Algensymbionten der Korallen manipulieren. Unter den zahlreichen unterschiedlichen Typen – es gibt Tausende – waren manche anscheinend hitzebeständiger. Vielleicht ließen sich die Korallen bewegen, die weniger resistenten Symbionten abzustoßen und robustere aufzunehmen, so wie man Teenager überredet, sich passendere Freunde zu suchen. Möglicherweise könnte man auch den Symbionten Hilfestellung geben. Einer von van Oppens Postdoktoranden hatte jahrelang eine Symbiontenvarietät, *Cladocopium goreaui*, unter Bedingungen gezüchtet, die in Zukunft für Korallenriffe erwartet wurden. (Als er mir seine *Cladocopium goreaui* zeigte, hätte ich gern gestaunt, aber in Wirklichkeit sahen sie nur aus wie Staubwölkchen, die in einem Glas schwebten.) Die *Cladocopium-goreaui*-Exemplare, die diese raue Behandlung überstanden hatten, besaßen vermutlich genetische Varianten, durch die sie Hitzebelastungen besser aushalten konnten. Korallen mit diesen widerstandsfähigeren Stämmen zu »infizieren« könnte ihnen eventuell helfen, höhere Temperaturen auszuhalten.

»Alle Klimamodelle deuten darauf hin, dass die meisten Korallenriffe um die Mitte oder gegen Ende des Jahrhunderts alljährlich extreme Hitzewellen erleben werden«, erklärte van Oppen. »Die Erholungsraten werden nicht schnell genug sein, um damit fertigzuwerden. Daher glaube ich, dass wir eingreifen und ihnen helfen müssen.«

»Hoffentlich kommt die Welt bald zur Vernunft und fängt tatsächlich an, die Treibhausgase zu reduzieren«, meinte sie. »Oder vielleicht gibt es demnächst irgendeine wunderbare technische Erfindung, die das Problem löst. Wer weiß, was passieren wird? Aber wir müssen Zeit schinden. Deshalb sehe ich die assistierte Evolution als Möglichkeit, die Lücke zu füllen und eine Brücke zwischen heute und dem Zeitpunkt zu schlagen, an dem wir den Klimawandel wirklich aufhalten oder hoffentlich umkehren werden.«

Der National Sea Simulator bezeichnet sich als »fortschrittlichstes Aquarium der Welt«. Die Anlage liegt in der Nähe von Townsville an der Ostküste Australiens, etwa 2400 Kilometer nördlich von Melbourne. Da man dort ein Experiment zur assistierten Evolution plante, flog ich nach meinem Besuch bei van Oppen nach Townsville.

Es war Mitte November, und in weiten Teilen Australiens wüteten Buschbrände. Die Nachrichten waren voller Berichte über Menschen, die den Flammen in letzter Minute entkommen waren, über versengte Koalas und eine Rauchglocke über Sydney, in der allein schon das Atmen dem Rauchen einer ganzen Packung Zigaretten am Tag gleichkam. Auf der Fahrt vom Flughafen sah ich ein erst kürzlich verbranntes Areal und ein Plakat mit dem Bild eines wütenden Infernos und der Frage: Seid ihr katastrophenbereit? Ich fuhr vorbei an einer Zinkraffinerie, einer Kupferraffinerie, einigen Mangofarmen und einem Wildpark, der mit Krokodilfütterungen warb. Tote Wallabys – Verkehrsopfer der Antipoden – lagen auf den Seitenstreifen der Landstraße.

Der National Sea Simulator, kurz SeaSim, befindet sich auf einer Landzunge im Korallenmeer. Er würde einen herrlichen Ausblick auf das Meer bieten, wenn er denn Fenster hätte. Das Licht in der Anlage kommt aus computergesteuerten LED-Leuchten, die so programmiert sind, dass sie die Zyklen von Sonne und Mond nachahmen. Den größten Teil des Gebäudes nehmen hüfthohe Aquarien ein, die wie Vitrinen in einem Kaufhaus aussehen. Wie in Gates' Labor auf Moku o Lo'e lassen sich die Wasserverhältnisse auch im SeaSim so steuern, dass sie kalibrierte Stressbedingungen erzeugen. In manchen Aquarien simulieren pH-Wert und Temperatur die Bedingungen im Korallenmeer im Jahr 2020. Andere ent-

Eine Kolonie von Acropora tenuis, einer im
Great Barrier Reef verbreiteten Steinkorallenart.

sprechen den prognostizierten wärmeren Verhältnissen von 2050 und wieder andere den für Ende dieses Jahrhunderts erwarteten noch härteren Bedingungen.

Als ich eintraf, war es bereits Spätnachmittag und das Gebäude so gut wie menschenleer. Ich schlenderte eine Weile zwischen den Aquarien umher und steckte die Nase praktisch ins Wasser. Einzelne Korallen, wenig schmeichelhaft als »Polypen« bezeichnet, sind so klein, dass man sie mit bloßem Auge kaum sehen kann. Selbst in einem Korallenstück von der Größe einer Kinderfaust leben viele Tausende Polypen, die alle miteinander verbunden sind und eine dünne Schicht lebenden Gewebes bilden. (Der feste Teil einer Korallenkolonie besteht aus Kalk, das die Korallen ständig ausscheiden.) Im SeaSim war ein Behälter nach dem anderen voller Vertreter einer Steinkorallenart, *Acropora tenuis*, die schnell wächst und daher einfacher zu erforschen ist. Sie bildet Kolonien, die wie kleine Nadelwälder aussehen.

Als innerhalb wie außerhalb des SeaSim die Sonne unterging, stellten sich immer mehr Leute ein. Um den Lichtrhythmus nicht zu stören, trugen alle spezielle Stirnlampen, die ein gespenstisches rotes Licht abgaben. Das wirkte durchaus angemessen, da wir alle gekommen waren, um hoffentlich eine Orgie zu beobachten.

Korallensex ist ein seltener und faszinierender Anblick. Am Great Barrier Reef findet er ein Mal im Jahr im November oder Dezember kurz nach einem Vollmond statt. Bei diesem sogenannten Massenablaichen geben Milliarden Polypen zeitgleich winzige, perlenartige Bündel ab, die sowohl Spermien als auch Eizellen enthalten, an die Wasseroberfläche treiben und auseinanderbrechen. Die meisten dieser Keimzellen werden zu Fischfutter oder treiben davon. Aus den Glücklichen, die eine Keimzelle des anderen Geschlechts treffen, geht ein Korallenembryo hervor.

Die in Aquarien gezüchteten Korallen laichen unter den richtigen Bedingungen zeitgleich mit ihren frei im Meer lebenden Verwandten. Van Oppens Mitarbeitern bot das Laichen eine wichtige Gelegenheit, die Evolution zu unterstützen. Sie hatten vor, den Laichzeitpunkt der Korallen in den Aquarien abzupassen, die Gametenbündel abzuschöpfen und dann für die Paarung ausgewählter Keimzellen zu sorgen, wie Taubenzüchter es tun. Ein Team hoffte *Acropora tenuis* aus dem wärmeren Nordteil des Riffs mit solchen aus dem Südteil zu kreuzen. Ein zweites Team wollte Hybriden aus zwei unterschiedlichen *Acropora*-Arten züchten. Ein Teil der Nachkommen dieser unnatürlichen Verbindungen würde sich hoffentlich als widerstandsfähiger erweisen als ihre Eltern.

An diesem Abend verbrachten die Forscher Stunden an den Aquarien. »Das wird eine tolle Nacht«, sagte mir einer der Wissenschaftler, der Wache hielt. »Das spüre ich.« Kurz vor dem Laichen entwickelt jeder der Polypen einen winzigen Höcker, so dass die Kolonie aussieht, als hätte sie Gänsehaut. Diese Phase bezeichnet man als »Setting«. Während wir zuschauten, begann bei einigen Kolonien diese Vorbereitungsphase. Doch dann hielten sie sich zurück, vielleicht aus Bescheidenheit oder Sorge. Nach und nach gaben die Zuschauer auf und gingen ins Bett. Das SeaSim bietet für solche Nachtveranstaltungen Schlafsäle an, aber da sie belegt waren, ging ich auf den Parkplatz, um nach Townsville zurückzufahren. Auf meinem Weg durch die Dunkelheit hörte ich in den Bäumen Flughunde schreien. In der folgenden Nacht würde das große Laichen stattfinden, versicherte man mir.

Das Great Barrier Reef besteht nicht aus einem Riff, sondern aus einer Ansammlung von – insgesamt gut 3000 – Korallenriffen, die sich über 350 000 Quadratkilometer erstrecken, also über eine größere Fläche als Italien. Sollte es einen spektauläreren Ort auf der Erde – oder eine Ansammlung von Orten – geben, so weiß ich zumindest nichts darüber. Einmal verbrachte ich eine Woche auf einer Forschungsstation auf einer winzigen Insel am Südende des Riffs, genau am südlichen Wendekreis. Beim Schnorcheln vor der Insel, die One Tree heißt, sah ich Korallen in schwindelerregender Vielfalt: verästelte, buschige, gehirnartige, tellerförmige, fächerförmige, blütenähnliche, fiedrige und fingerförmige. Außerdem sah ich Haie, Delfine, Teufelsrochen, Meeresschildkröten, Seegurken, erschrocken dreinblickende Oktopusse, Riesenmuscheln mit anzüglich grinsenden Lippen und Fische in mehr Farben, als Buntstifthersteller sich erträumen können.

In einem gesunden Korallenriffabschnitt herrscht vermutlich eine größere Artenvielfalt als in sonst einem ähnlich großen Gebiet der Erde, einschließlich des Regenwaldes am Amazonas.[17] Forscher, die einmal eine einzige Korallenkolonie auseinandernahmen, zählten darin über 8000 Lebewesen aus mehr als 200 Arten.[18] Andere Wissenschaftler erfassten durch Gensequenzierung allein die Zahl der Krustentierarten, die sie finden konnten.[19] In einem baseballgroßen Korallenstück vom Nordende des Great Barrier

Reef fanden sie über 200 Spezies – überwiegend Krebse und Krabben – und in einem ähnlich großen Stück vom Südende annähernd 230 Arten. Laut Schätzungen leben in Korallenriffen weltweit zwischen einer und neun Millionen Spezies,[20] allerdings kamen die Wissenschaftler der Krustentierstudie zu dem Schluss, dass selbst die Obergrenze dieser Schätzungen noch zu niedrig ist. Wahrscheinlich sei »die Diversität der Riffe stark untererforscht«, schrieben sie.

Diese Artenvielfalt ist angesichts der Umgebung umso erstaunlicher. Korallenriffe gibt es nur in einem Band um den Äquator etwa vom dreißigsten Grad nördlicher Breite bis zum dreißigsten Grad südlicher Breite. In diesen Breitengraden findet keine sonderliche Mischung zwischen den oberen und den unteren Meeresschichten statt und lebenswichtige Nährstoffe wie Stickstoff und Phosphor sind knapp. (Das Wasser in den Tropen ist häufig so klar, weil darin kaum etwas überleben kann.) Lange haben Wissenschaftler gerätselt, wie Korallenriffe unter derart kargen Bedingungen eine solche Vielfalt hervorbringen können – eine Frage, die man als Darwin'sches Paradoxon bezeichnet. Die beste Antwort, die bislang darauf gegeben wurde, lautet, dass die Riffbewohner das ultimative Recyclingsystem entwickelt haben: Der Abfall eines Lebewesens wird zum Schatz seines Nachbarn. »In der Korallenstadt gibt es keinen Abfall«, schrieb der Meeresbiologe Richard C. Murphy, der mit Cousteau zusammengearbeitet hat. »Das Abfallprodukt eines jeden Organismus ist für einen anderen eine Ressource.«[21]

Da niemand weiß, wie viele Lebewesen auf Korallenriffe angewiesen sind, kann auch niemand sagen, wie viele durch ihren Zusammenbruch bedroht wären, aber eindeutig ist ihre Zahl enorm hoch. Schätzungsweise verbringt eines von vier Meereslebewesen mindestens einen Teil seines Lebens an einem Korallenriff. Würden diese Gebilde verschwinden, würden die Meere laut Roger Bradbury, einem Ökologen der Australian National University, ganz ähnlich aussehen wie im Präkambrium vor über 500 Millionen Jahren, bevor sich die Krustentiere entwickelt hatten. »Es wird schleimig«, stellte er fest.

Das Great Barrier Reef wird als Nationalpark von der Great Barrier Reef Marine Park Authority mit der sperrigen Abkürzung GBRMPA (sprich: »Gubrumpa«) verwaltet. Einige Monate vor meiner Australienreise hatte die GBRMPA einen »Perspektivbericht« herausgegeben, wie sie ihn alle fünf Jahre erstellen muss. Demnach waren die langfristigen Aussichten des Riffs, die diese Behörde zuvor als »schlecht« eingestuft hatte, auf »sehr schlecht« gesunken.[22]

Etwa um die Zeit als die GBRMPA diese düstere Einschätzung abgab, genehmigte die australische Regierung einige Fahrstunden südlich vom SeaSim den Betrieb eines gigantischen neuen Kohlebergwerks.[23] Diese »Megamine«, wie sie häufig genannt wird, soll den größten Teil der geförderten Kohle über einen Hafen, der unmittelbar am Riff liegt – Abbot Point –, nach Indien verschiffen. Die Rettung der Korallen und der Abbau von mehr Kohle ist schwer zu vereinbaren, wie viele Kommentatoren anmerken. »Das schwachsinnigste Energieprojekt« lautete das Urteil der Zeitschrift *Rolling Stone*.[24]

Zufällig hat die GBRMPA ihren Hauptsitz in Townsville in einem halb leeren Einkaufszentrum. An meinem zweiten Tag in der Stadt ging ich dorthin, um mit dem Chefwissenschaftler der Behörde, David Wachenfeld, zu sprechen.

»Wenn wir vor dreißig Jahren energisch gegen den Klimawandel vorgegangen wären, weiß ich nicht, ob wir heute dieses Gespräch führen würden«, sagte Wachenfeld mir. Er trug ein dunkelblaues Polohemd mit dem eingestickten Wappen Australiens, auf dem sich ein Känguru und ein Emu ansehen. »Wahrscheinlich würden wir eher sagen, solange wir den Meerespark schützen, wird das Riff unserer Ansicht nach für sich selbst sorgen.«

Wie die Dinge lägen, sei jedoch ein interventionistischeres Herangehen notwendig, erklärte er. Gemeinsam mit verschiedenen Universitäten und Forschungseinrichtungen plante die GBRMPA, mindestens 100 Millionen australische Dollar in Forschungen zu investieren, wie sie zur Rettung der Korallenriffe eingreifen könne. Dazu gehörten der Einsatz von Unterwasserrobotern, um neue Korallen auf geschädigten Riffen anzusiedeln; die Entwicklung eines ultradünnen Schutzfilms, um Riffe zu beschatten; Wasser aus tiefen Schichten an die Meeresoberfläche zu pumpen, um den Korallen Kühlung zu verschaffen; und Wolkenaufhellung. Bei diesem Verfahren werden winzige Salzwassertröpfchen in die Luft gesprüht, die eine Art künstlichen Nebel erzeugen und zumindest in der Theorie die Bildung heller Wolken fördern. Diese Wolken würden wiederum das Sonnenlicht ins All reflektieren und damit der Erderwärmung entgegenwirken.

Wie Wachenfeld mir erklärte, würde man die neuen Technologien wahrscheinlich kombiniert einsetzen müssen, so dass beispielsweise ein Roboter genetisch verbesserte Larven an ein Riff bringen würde, das von einem dünnen Schutzfilm oder einem von Menschen gemachten Nebel beschattet wird. »Es gibt alle erdenklichen, einfach faszinierend einfallsreiche Innovationen«, sagte er.

An diesem Abend fuhr ich wieder zum SeaSim. In der Nähe des Parkplatzes sah ich eine Wildschweinfamilie herumwühlen. Die dicken, geschmeidigen Kulturfolger hatten offenbar großen Spaß. Nach und nach kamen Studierende und Forscher aus den Schlafsälen herüber. Als die simulierte Sonne über dem simulierten Meer unterging, flammten überall rote Lichter auf und schwirrten kreuz und quer durch die Dämmerung wie Glühwürmchen.

Alle, die am Vorabend dort gewesen waren, waren wiedergekommen. Außer den Teams, die mit van Oppen zusammenarbeiteten, erkannte ich eine Gruppe, die als Versicherung gegen eine Apokalypse Korallengameten einfrieren wollte, und eine andere, die Korallenembryos genetisch manipulieren wollte. Auch einige neue Gesichter waren da. Ein Filmteam war aus Sydney eingeflogen. (Wenn wir anderen Korallenvoyeure waren, wirkten die Filmemacher auf mich wie Pornofilmer.)

Der Institutsleiter des SeaSim, Paul Hardisty, war ebenfalls zu der Show erschienen. Er ist aus Kanada, groß und auf cowboyhafte Art schlaksig. Ich fragte ihn nach den Zukunftsaussichten des Korallenriffs, worauf er zugleich bedrückt und kampfeslustig reagierte.

»Wir sprechen hier nicht über Korallengartenbau«, sagte er mir. »Wir sprechen über erhebliche Interventionen im industriellen Maßstab – das ganze Riff betreffend. Das ist also eine wirklich steile Kurve, aber es ist möglich – zu dem Schluss sind wir gekommen –, wenn die klügsten Köpfe der Welt alle zusammenarbeiten.« Zur Unterstützung der Forschungen sollte der SeaSim erweitert werden. Wenn ich in einigen Jahren wiederkäme, wäre er doppelt so groß, kündigte Hardisty an.

»Es wird keine Wunderwaffe geben«, führte er aus. »Es wird eine Kombination von verschiedenen Dingen sein, zum Beispiel eine Kombination aus Wolkenaufhellung und assistierter Evolution. Wir werden Gentechnik brauchen, weil wir eine schnelle Entwicklung anstreben, um einen Unterschied zu bewirken. Und wir werden auch Technologien der großen Pharmakonzerne übernehmen müssen, weil wir Mechanismen für eine Massenanwendung benötigen. Vielleicht – ich weiß nicht – setzen wir kleine Pellets ein.«

Die roten Lichter schwirrten um uns herum. »Es ist einfach absoluter Hochmut und so arrogant, zu glauben, wir könnten ohne alles andere überleben«, sagte Hardisty. »Wir kommen von diesem Planeten. Na ja, ich werde ein bisschen philosophisch. Ich sollte nachhause gehen und mir ein Hockeyspiel ansehen.«

Während wir warteten, dass die Korallen in Stimmung kamen, gab es nicht viel zu tun. Als ich so im Dunkeln herumstand, wurde ich selbst »ein bisschen philosophisch«. Hardisty hatte natürlich recht; es war tatsächlich hochmütig, zu glauben, der Mensch könne das Great Barrier Reef in den Kollaps treiben, ohne unter den Folgen leiden zu müssen. Aber war es nicht bloß eine andere Art von Hybris, sich »Interventionen für das ganze Riff« vorzustellen?

Als Darwin den Gegensatz zwischen »künstlicher« und »natürlicher« Zuchtwahl aufstellte, bestand für ihn keinerlei Zweifel, welche wirkungsvoller war. Taubenliebhaber hatten Erstaunliches geleistet und derart unterschiedliche Varietäten gezüchtet, dass sie vielen wie völlig verschiedene Vögel erschienen. (Darwin erkannte, dass alle Varietäten von den Pfautauben bis zu den Purzlern von einer einzigen Spezies abstammten, nämlich von der Felsentaube oder *Columba livia*.) Hundeliebhaber hatten ganz ähnlich Windhunde und Corgis, Bulldoggen und Spaniels gezüchtet. Die Liste ließ sich endlos weiterführen: Mutterschafe im Stall, Birnen im Garten, das Korn im Silo – sie alle waren Produkte sorgfältiger Züchtung über Generationen hinweg.

Aber im Großen und Ganzen war die künstliche Zuchtwahl lediglich ein Herumbasteln an den Rändern. Es war die – indifferente, aber unendlich geduldige – natürliche Zuchtwahl, die diese erstaunliche Vielfalt des Lebens hervorgebracht hatte. Im letzten, oft zitierten Absatz seines Werkes *Über die Entstehung der Arten* schreibt Darwin: »Es ist anziehend, eine dichtbewachsene Uferstrecke zu betrachten, bedeckt mit blühenden Pflanzen vielerlei Art, mit singenden Vögeln in den Büschen, mit schwärmenden Insekten in der Luft, mit kriechenden Würmern im feuchten Boden«. Alle diese »künstlich gebauten Lebensformen, so abweichend unter sich und in einer so komplizierten Weise voneinander abhängig«, hatte die gleiche nicht mit Verstand ausgestattete nichtmenschliche Kraft hervorgebracht.[25]

»Es ist wahrlich eine großartige Ansicht«, versicherte Darwin seinen Lesern, die er auch nach seinen 490 Seiten langen Ausführungen immer noch für skeptisch hielt, »daß der Schöpfer den

Keim alles Lebens, das uns umgibt, nur wenigen und nur einer einzigen Form eingehaucht hat, und daß […] aus so einfachem Anfang sich eine endlose Reihe der schönsten und wundervollsten Formen entwickelt hat und noch immer entwickelt.«[26]

Man kann sich das Great Barrier Reef als die ultimative »dichtbewachsene Uferstrecke« vorstellen. Sie zu erschaffen erforderte zig Millionen Jahre Evolution mit dem Ergebnis, dass selbst ein faustgroßes Stück unvorstellbar viel Leben birgt, dicht besiedelt ist mit Lebewesen, die »in einer so komplizierten Weise voneinander abhängig« sind, dass Biologen ihre Beziehungen vermutlich niemals vollständig begreifen werden. Und das Riff geht weiter und weiter – zumindest heutzutage noch.

Allen, mit denen ich in Australien sprach, war klar, dass die Erhaltung des Great Barrier Reef in all seiner Größe und Großartigkeit mehr war, als man realistischerweise – oder unrealistischerweise – erhoffen konnte. Schon ein Zehntel davon zu retten würde bedeuten, eine Fläche von der Größe der Schweiz zu beschatten und mithilfe von Robotern mit Larven zu besiedeln. Bestenfalls ging es um eine Kleinversion – ein Barrier Reef, das noch einigermaßen okay war.

»Wenn wir es schaffen, das Leben des Riffs um zwanzig, dreißig Jahre zu verlängern, könnte es gerade reichen, bis die Welt bei den Emissionen die Kurve kriegt, und es könnte den entscheidenden Unterschied ausmachen, nichts zu haben oder überhaupt ein funktionierendes Riff zu haben«, erklärte Hardisty. »Ich meine, es ist wirklich traurig, dass wir das sagen müssen. Aber da stehen wir nun mal.«

Auch der zweite Abend, den ich im SeaSim verbrachte, erwies sich als Pleite. Einige wenige Kolonien traten in die »Setting«-Phase ein, gaben aber nur ein »Tröpfeln« von sich, wie ein Forscher es nannte. Also machte ich mich am folgenden Abend erneut auf den Weg zum SeaSim.

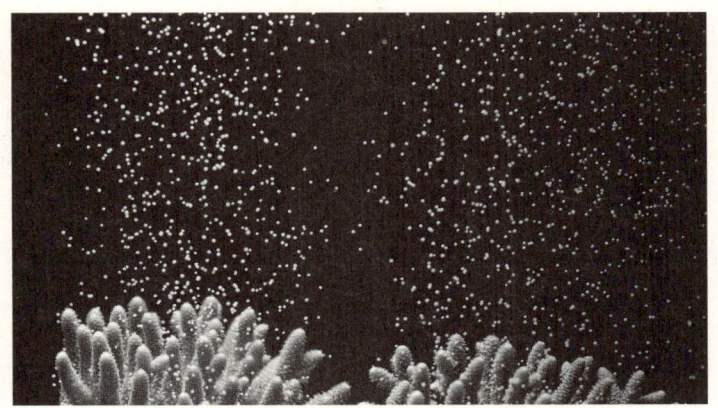

Laichende Korallen setzen perlenartige Bündel
aus Eizellen und Spermien frei.

Mittlerweile wusste ich, was mich erwartete. Als die Sonne unterging, zogen die Forscher ihre Stirnlampen an und gingen von einem Aquarium zum anderen. Wenn sie eine Korallenkolonie in der Vorbereitungsphase bemerkten, hoben sie diese aus dem Aquarium und legten sie in einen separaten Eimer. An diesem Abend waren so viele *Acropora-tenuis*-Kolonien laichbereit, dass es schwer war, Schritt zu halten. Auf dem Fußboden reihten sich die Eimer. Manche Kolonien stammten aus einem Gebiet am Südende des Great Barrier Reef, das The Keppels hieß; andere kamen vom Davies Reef, das Hunderte Kilometer weiter nördlich lag. In der freien Natur hätten so weit voneinander entfernte Kolonien keine Chance, sich zu paaren. Aber der Sinn dieses Experiments bestand ja gerade darin, die Dinge nicht der Natur zu überlassen.

Eine Postdoktorandin namens Kate Quigley war für die Paarungen und für ein Freiwilligenteam zuständig, das überwiegend aus Studierenden bestand. Sie trug ihr rotes Licht um den Hals wie ein glühendes Amulett. Quigley hatte Dutzende Kunststoffbehälter bereitgestellt, in denen die Kreuzungsversuche zwischen den Vertretern aus den unterschiedlichen Riffbereichen stattfinden sollten, falls alles gut lief. Embryos, die in diesen Behältern entstanden, würden in kleine Aquarien umgesetzt, in denen man sie Hitzebelastungen aussetzen würde, wie sie mir erklärte. Den Exemplaren, die das überlebten, würden sie dann verschiedene Symbionten einimpfen, unter anderem auch einige im Labor entwickelte Züchtungen, die ich in Melbourne gesehen hatte, und anschließend würde man sie weiteren Stressoren aussetzen.

»Wir wollen sie wirklich bis an ihre Grenzen bringen«, sagte Quigley. »Wir suchen nach den Besten der Besten.«

Während meines Aufenthalts auf One Tree hatte ich das Glück, einen mitternächtlichen Schnorchelausflug während eines Massenlaichens zu erleben. Die Szenerie ähnelte einem Schneesturm in den Alpen, nur trieb das Flockengestöber von unten nach oben. Selbst in einem Eimer ist das Laichen ein Wunder. Zuerst setzen nur einige wenige Polypen ihre Bündel frei; dann folgen die übrigen wie auf ein geheimes Signal. Die Bündel steigen, der Schwerkraft trotzend, im Wasser nach oben und bilden an der Wasseroberfläche einen rosigen Schleim.

»Das ist eines der wirklichen Naturwunder«, hörte ich einen Wissenschaftler aus dem Gentechnikteam mehr zu sich als zu anderen sagen.

Als eine Kolonie nach der anderen laichte, gab Quigley ihren freiwilligen Helfern Anweisungen. Jeder bekam eine Schale und ein Sieb. Dann holte sie mit einer Pipette die Gametenbündel aus den Eimern und verteilte sie auf die Siebe. Draußen am Riff würden sich die einzelnen Keimzellen in den Wellen aus dem Bündel lösen, im SeaSim musste die Wellenbewegung von Hand nachgeahmt werden. Quigley wies die Studierenden an, die Bündel so lange herumzuschwenken, bis sie ihre Sperma- und Eizellen freigaben. Das Sperma würde in die Schalen fallen, während die Eizellen, die größer sind, im Sieb blieben.

Ernst und konzentriert schwenkten die Studierenden die Siebe.

Die Eizellen erinnerten an Tupfer roten Pfeffers. Die Schalen mit den Spermien sahen aus, wie man es erwarten durfte.

»Ich kann dein Sperma nehmen, wenn du willst«, hörte ich eine junge Frau rufen.

»Ja, nimm eine Schale von meinem Sperma«, antwortete ein junger Mann.

»Das ist der einzige Ort, an dem man so was sagen darf«, stellte ein dritter Student fest.

Quigley hatte die gewünschten Kreuzungen in einem Notizbuch vermerkt. Unter ihrer Aufsicht mischten die Studierenden Spermien und Eier aus unterschiedlichen Gebieten des Riffs. Es dauerte bis tief in die Nacht, bis jede einsame Koralle ihren Partner gefunden hatte.

5

Odin ist in der nordischen Mythologie ein äußerst mächtiger Gott, aber auch voller List und Tücke. Er hat nur ein Auge, weil er das andere für die Weisheit geopfert hat. Zu seinen vielfältigen Talenten gehört, dass er Tote zum Leben erwecken, Stürme beruhigen, Kranke heilen und seine Feinde blenden kann. Nicht selten verwandelt er sich in ein Tier, und als Schlange erlangt er die Gabe der Poesie, die er unbeabsichtigt auf Menschen überträgt.

Odin in Oakland, Kalifornien, ist ein Unternehmen, das Gentechnik-Bausätze verkauft. Der Firmengründer, Josiah Zayner, hat blond gefärbte Haare, zahlreiche Piercings und ein Tattoo mit der Aufforderung: Schaffe etwas Schönes. Er hat einen Abschluss in Biophysik und ist als Provokateur bekannt. Im Zuge seiner zahlreichen aufsehenerregenden Aktionen brachte er seine Haut dazu, ein fluoreszierendes Protein zu produzieren, schluckte für eine Do-it-yourself-Fäkaltransplantation den Stuhl eines Freundes und versuchte, eines seiner Gene zu deaktivieren, um größere Bizeps zu entwickeln. (Dieser Versuch schlug fehl, wie er zugab). Zayner bezeichnet sich als »Gen-Designer« und verfolgt das erklärte Ziel, Menschen Zugang zu den nötigen Ressourcen zu bieten, damit sie ihr Leben in ihrer Freizeit verändern können.[1]

Odins Angebote reichen von einem Schnapsglas mit der Aufschrift »Biohack the Planet« für drei US-Dollar bis hin zu einem »gentechnischen Heimlabor« für 1849 Dollar, das eine Zentrifuge, ein Gerät für die Polymerase-Kettenreaktion und eine Box mit Elektrophorese-Gel umfasst. Ich entschied mich für etwas dazwischen: das »Kombi-Kit aus bakteriellem CRISPR und fluoreszierender Hefe«, das mich 209 Dollar kostete. Es kam in einem Karton mit dem Firmenlogo, einem verzweigten Baum in einem Kreis, den eine Doppelhelix ziert. Der Baum symbolisiert, glaube ich, Yggdrasil, dessen Stamm in der nordischen Mythologie durch das Zentrum des Kosmos wächst.

In dem Karton fand ich diverse Laborutensilien – Pipettenspitzen, Petrischalen, Einmalhandschuhe – sowie mehrere Ampullen mit Kolibakterien (*Escherichia coli*), die ich im Kühlschrank neben der Butter verstaute. Die anderen Ampullen kamen in den Tiefkühlschrank zur Eiscreme.

Inzwischen ist die Gentechnik in ihren mittleren Jahren. Das erste gentechnisch veränderte Bakterium wurde 1973 produziert. Schon bald folgte 1974 eine gentechnisch veränderte Maus und 1983 eine genmodifizierte Tabakpflanze. Das erste gentechnisch veränderte Nahrungsmittel, die Flavr-Savr-Tomate, wurde 1994 für den menschlichen Verzehr zugelassen, erwies sich aber als derart enttäuschend, dass sie schon nach wenigen Jahren nicht mehr produziert wurde. Etwa um dieselbe Zeit wurden genmodifizierte Mais- und Sojasorten entwickelt, die im Gegensatz zur Flavr-Savr-Tomate jedoch in den Vereinigten Staaten mittlerweile mehr oder weniger allgegenwärtig sind.

Im Laufe der vergangenen zehn Jahre hat die Gentechnik dank CRISPR einen Wandel erfahren. CRISPR (die Abkürzung für »clustered regularly interspaced short palindromic repeats«, also sich wiederholende DNA-Abschnitte) steht für eine Reihe von – überwiegend den Bakterien entlehnten – Techniken, die es Forschern und Biohackern erheblich erleichtern, die DNA zu manipulieren. Sie erlauben es Nutzern, einen DNA-Abschnitt herauszuschneiden und die betreffende Sequenz entweder zu deaktivieren oder durch eine neue Sequenz zu ersetzen.

Diese Technik eröffnet nahezu unendliche Möglichkeiten. Jennifer Doudna, eine Professorin an der University of California, Berkeley, die an der Entwicklung der CRISPR-Technologie beteiligt war, bezeichnete sie als Möglichkeit, »die Moleküle des Lebens selbst auf jede gewünschte Weise neu zu schreiben«.[2] Mit diesen Verfahren haben Biologen bereits viele, viele Lebewesen geschaffen, unter anderem Ameisen, die nicht riechen können,[3] Beagles mit den Muskeln von Superhelden, schweinefieberresistente Schweine, Makaken, die an Schlafstörungen leiden,[4] Kaffeebohnen ohne Koffein, Lachse, die keine Eier legen, Mäuse, die nicht dick werden, und Bakterien, deren Gene in kodierter Form Eadweard Muybridges berühmte Fotoserie eines Rennpferdes in Bewegung enthalten.[5] Vor einigen Jahren verkündete der chinesische Wissenschaftler He Jiankui, er habe die weltweit ersten genmanipulierten Menschen produziert – weibliche Zwillinge. Nach seinen Angaben hatte er die Gene der Mädchen mit der CRISPR-Technologie so bearbeitet, dass sie gegen das HI-Virus resistent seien, allerdings ist nach wie vor nicht klar, ob das tatsächlich der Fall ist. Kurz nach dieser Veröffentlichung wurde er in Shenzhen unter Hausarrest gestellt.

Ich habe so gut wie keine Erfahrung in Genetik und habe seit der Highschool nicht mehr praktisch in einem Labor gearbeitet. Dennoch konnte ich an einem Wochenende einen neuartigen Organismus schaffen, indem ich den Anweisungen folgte, die dem Odin-Karton beilagen. Zuerst züchtete ich in einer der Petrischalen eine *E.-coli*-Kolonie. Anschließend begoss ich sie mit den verschiedenen Proteinen und Designer-DNA-Proben, die ich im Tiefkühlschrank aufbewahrt hatte. Im Laufe dieses Prozesses wurde ein »Buchstabe« des Bakteriengenoms ausgetauscht, nämlich ein A (Adenin) durch ein C (Cytosin) ersetzt. Durch diese Korrektur konnten meine neuen, verbesserten Kolibakterien dem starken Antibiotikum Streptomycin eine lange Nase machen. Auch wenn es ein bisschen unheimlich war, in meiner Küche einen antibiotikaresistenten Bakterienstamm zu züchten, hatte ich doch zugleich ein eindeutiges Erfolgserlebnis. Es war tatsächlich so stark, dass ich beschloss, zum zweiten Projekt des Bausatzes überzugehen: Hefebakterien ein Quallengen einzupflanzen, um sie zum Glühen zu bringen.

Das Australian Animal Health Laboratory in Geelong ist eines der modernsten Hochsicherheitslabore der Welt.[6] Es steht hinter zwei Toranlagen, von denen die zweite so ausgelegt ist, dass sie sogar Autobombern mit LKWs standhalten soll. Die Betonwände der Anlage sind so dick, dass sie einen Flugzeugabsturz überstehen, wie man mir sagte. In der Einrichtung gibt es 520 Luftschleusen und vier Sicherheitsstufen. »Da würdest du während der Zombie-Apokalypse sein wollen«, sagte mir ein Mitarbeiter. Im höchsten Sicherheitsbereich – Biosicherheitsstufe 4 – gibt es Phiolen mit einigen der übelsten, von Tieren stammenden Krankheitserreger der Erde, darunter auch Ebola-Viren. (Das Labor wird im Abspann des Films *Contagion* erwähnt.) Mitarbeiter, die in der Biosicherheitsstufe 4 tätig sind, dürfen im Labor nicht ihre eigene Kleidung tragen und müssen mindestens drei Minuten lang duschen, bevor sie nachhause gehen. Die dort gehaltenen Tiere dürfen die Anlage gar nicht verlassen. »Ihr einziger Weg nach draußen führt durch die Verbrennungsanlage«, erklärte mir ein Angestellter.

Geelong liegt etwa eine Fahrstunde südwestlich von Melbourne. Auf der Reise, bei der ich van Oppen traf, besuchte ich auch das Labor, das abgekürzt AAHL heißt. Ich hatte gehört, dass man dort an einem Genom-Editierungsexperiment arbeitete, das mich interessierte. Als Folge eines weiteren fehlgeschlagenen Versuchs der Biokontrolle entwickelt sich in Australien eine Riesenkrötenart, die Agakröte, zu einer wahren Plage. Entsprechend der rekursiven Logik des Anthropozäns hofften die Forscher am AAHL, dieses Desaster durch eine weitere Biokontrollrunde in den Griff zu bekommen. Sie planten, das Genom der Kröte mithilfe der CRISPR-Technologie zu verändern.

Der Biochemiker Mark Tizard, der das Projekt leitete, hatte sich bereiterklärt, mir eine Führung zu geben. Er ist ein schlanker Mann mit einem weißen Haarkranz und funkelnden blauen Augen. Wie viele Wissenschaftler, die ich in Australien traf, stammt er aus dem Ausland, in seinem Fall aus London.

Bevor Tizard sich eingehender mit Amphibien beschäftigte, arbeitete er überwiegend mit Geflügel. Einige Jahre zuvor hatten er und seine Kollegen am AAHL ein Huhn mit einem Quallengen ausgestattet, das ein fluoreszierendes Protein kodiert ganz ähnlich wie das, das ich meinen Hefebakterien einpflanzen wollte. Ein Huhn mit diesem Gen glüht unter UV-Licht gespenstisch. Als Nächstes tüftelte Tizard an einer Möglichkeit, das Fluoreszenzgen so einzupflanzen, dass eine Henne es nur an ihre männlichen Nachkommen weitergibt. Das Ergebnis ist eine Henne, bei deren Küken sich das Geschlecht bereits im Ei bestimmen lässt.

Tizard ist klar, dass viele Menschen Angst vor genmodifizierten Organismen haben. Sie finden die Vorstellung, sie zu essen, abstoßend und sind dagegen, solche Organismen in die Welt zu entlassen. Obwohl er kein Provokateur ist, vertritt er wie Zayner die Ansicht, dass diese Menschen die Dinge völlig falsch sehen.

»Wir haben Hühner, die grünlich leuchten«, sagte er mir. »Wenn Schülergruppen herkommen und das grüne Huhn sehen, sagen manche Kids: ›O, das ist wirklich cool. Wenn ich das Huhn esse, werde ich dann auch grün?‹ Und ich antworte: ›Du isst schon jetzt Hühnchen, oder? Sind dir Federn und ein Schnabel gewachsen?‹«

Nach Tizards Einschätzung ist es ohnehin zu spät, sich über ein paar Gene hier und da Sorgen zu machen. »Wenn Sie sich die heimische Umwelt Australiens ansehen, haben Sie Eukalyptusbäume, Koalas, Kookaburras und was auch immer. Als Wissenschaftler sehe ich vielfältige Kopien des Eukalyptusgenoms, vielfältige Kopien des Koalagenoms und so fort. Und diese Genome interagieren miteinander. Dann plötzlich, bums, führen Sie ein weiteres Genom ein – das Agakrötengenom. Es war nie zuvor hier, und seine Interaktion mit all diesen anderen Genomen ist verheerend. Es beseitigt andere Genome völlig.«

»Was die Leute nicht sehen, ist, dass die Umwelt schon jetzt genmodifiziert ist«, erklärte er weiter. Invasive Arten verändern die Umwelt, indem sie ganze Genome einführen, die nicht dorthin gehören. Dagegen verändert die Gentechnik nur einzelne DNA-Abschnitte hier und da.

»Was wir hier tun, ist, dass wir potenziell vielleicht zehn Gene zu den 20 000 Krötengenen hinzufügen, die ohnehin gar nicht hier sein sollten, und diese zehn Gene werden die übrigen sabotieren, sie aus dem System entfernen und das Gleichgewicht wiederherstellen«, betonte Tizard. »Die klassische Reaktion der Leute auf Molekularbiologie ist: Wollt ihr Gott spielen? Nein. Wir nutzen unsere Kenntnisse biologischer Prozesse, um zu sehen, ob wir einem System, das sich in einem Trauma befindet, helfen können.«

Agakröten (*Rhinella marina*) sind braunfleckig, haben dicke Gliedmaßen und eine warzige Haut. Alle Beschreibungen heben unweigerlich ihre Größe hervor. »*Rhinella marina* ist eine riesige, warzige Echte Kröte«, schreibt der U.S. Fish and Wildlife Service.[7] »Große Exemplare, die auf Straßen sitzen, können leicht mit Felsbrocken verwechselt werden«, stellte die Behörde U.S. Geological Survey fest.[8] Die größte, jemals erfasste Agakröte war 38 Zentimeter lang und wog annähernd sechs Pfund – so viel wie ein pummeliger Chihuahua. Eine Kröte namens Bette Davis, die in den achtziger Jahren im Queensland Museum in Brisbane lebte, war 23 Zentimeter lang und nahezu ebenso breit – hatte also etwa die Größe eines Esstellers.[9] Agakröten fressen alles, was in ihr übergroßes Maul passt, unter anderem Mäuse, Hundefutter und andere Agakröten.

Ursprünglich waren Agakröten in Süd- und Mittelamerika sowie an der Südspitze von Texas heimisch. Um die Mitte des 19. Jahrhunderts wurden sie auf die Karibikinseln importiert.[10] Dahinter stand die Idee, sie im Kampf gegen Raupen einzusetzen, die der Haupteinnahmequelle der Region, Zuckerrohr, zusetzten. (Auch Zuckerrohr ist eine importierte Spezies, die in Neuguinea heimisch ist.) Von den Karibikinseln wurden die Agakröten nach Hawaii und von dort weiter nach Australien gebracht, als ein

Dampfer 1935 in Honolulu 102 Exemplare an Bord nahm. Davon überlebten 101 Tiere den Transport und landeten in einer Forschungsstation im Zuckerrohranbaugebiet an Australiens Nordostküste. Innerhalb eines Jahres produzierten sie über 1,5 Millionen Eier.[11] Die jungen Kröten, die daraus schlüpften, setzte man gezielt in Flüssen und Seen der Region aus.

Es ist zweifelhaft, ob die Agakröten jemals einen Nutzen für das Zuckerrohr hatten. Die Raupen sitzen am Zuckerrohr zu hoch über dem Boden, als dass eine steingroße Kröte sie erreichen könnte. Das störte die Agakröten jedoch wenig, denn sie fanden genug andere Nahrung und produzierten weiterhin jede Menge Nachkommen. Von einem kleinen Streifen an der Küste Queenslands verbreiteten sie sich nördlich auf die Cape York Peninsula und südlich nach New South Wales. Irgendwann in den achtziger Jahren gelangten sie ins Northern Territory und erreichten 2005 einen Ort namens Middle Point im Westen dieses Verwaltungsgebiets, unweit der Stadt Darwin.

Auf dem Weg dorthin geschah etwas Merkwürdiges. In der Frühphase der Invasion breiteten sich die Agakröten mit einer Geschwindigkeit von etwa zehn Kilometern pro Jahr aus. Einige Jahrzehnte später waren es knapp zwanzig Kilometer pro Jahr, und als sie Middle Point erreichten, waren es bereits knapp fünfzig Kilometer pro Jahr. Als Forscher die Kröten an der Invasionsfront vermaßen, fanden sie den Grund dafür heraus: Diese Exemplare hatten erheblich längere Beine als die Kröten in Queensland.[12] Und dieses Merkmal war erblich. Die *Northern Territory News* brachten die Story unter der Schlagzeile »Superkröte«. Der Artikel war mit einem bearbeiteten Foto illustriert, das eine Agakröte in einem Cape zeigte. »Sie ist in das Northern Territory eingefallen, und nun entwickelt sich die verhasste Kröte weiter«, entrüstete sich die Journalistin.[13] Allem Anschein nach ließ sich die Evolution entgegen Darwins Ansichten doch in Echtzeit beobachten.

Agakröten sind nicht nur beunruhigend groß, sondern aus

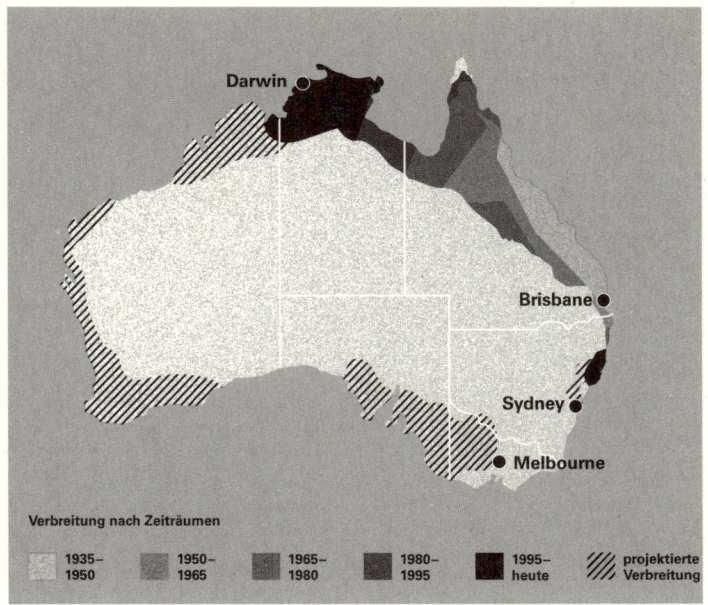

Seit Agakröten in Australien eingeführt wurden, haben sie sich dort ausgebreitet. Es ist zu erwarten, dass sie ihr Verbreitungsgebiet weiter ausdehnen werden.

menschlicher Sicht auch hässlich mit ihrem knochigen Kopf und ihrem scheinbar anzüglichen Grinsen. Was sie jedoch wirklich verhasst macht, sind ihre giftigen Sekrete. Wenn ein ausgewachsenes Exemplar gebissen wird oder sich bedroht fühlt, setzt es einen milchigen Schleim voller giftiger Inhaltsstoffe frei. Es kommt häufig vor, dass Hunde durch Agakröten eine Vergiftung erleiden, deren Symptome von Schaumbildung im Maul bis zum Herzstillstand reichen. Auch Menschen, die so dumm sind, Agakröten zu essen, sterben meist daran.

In Australien gibt es keine heimischen giftigen Krötenarten, eigentlich gar keine heimischen Kröten. Daher hat die heimische

Fauna in ihrer Evolution nicht gelernt, ihnen mit Vorsicht zu begegnen. Die Geschichte der Agakröte in Australien verläuft also genau umgekehrt wie die des asiatischen Karpfens in den USA. Die Karpfen sind dort ein Problem, weil niemand sie isst, während die Agakröte in Australien eine Gefahr darstellt, weil so viele Tiere sie fressen. Die Liste der Arten, deren Bestand eingebrochen ist, weil sie Agakröten fressen, ist lang und vielfältig. Unter anderem gehören dazu: Süßwasserkrokodile, die in Australien »Freshies« heißen; Arguswarane, die bis zu eineinhalb Meter lang werden können; Blauzungenskinke, die zu den Glattechsen gehören; Australische Wasseragamen, die wie kleine Dinosaurier aussehen; Todesottern, die, wie der Name schon sagt, zu den Giftschlangen gehören; und die Mulgaschlangen, die ebenfalls giftig sind. Das mit Abstand sympathischste Tier auf der Opferliste ist der Zwergbeutelmarder, ein niedliches Beuteltier.[14] Er wird etwa dreißig Zentimeter lang, hat eine spitze Schnauze und ein braunes Fell mit hellen Flecken. Wenn ein junger Beutelmarder dem Beutel seiner Mutter entwachsen ist, trägt sie ihn auf ihrem Rücken herum.

In dem Bestreben, den Vormarsch der Agakröten aufzuhalten, haben die Australier sich alle möglichen einfallsreichen und weniger einfallsreichen Maßnahmen ausgedacht. Der Toadinator ist eine Falle mit einem tragbaren Lautsprecher, der den Krötensong spielt – ein Geräusch, das manche mit dem Rufzeichen beim Telefon, andere mit einem Motorenbrummen vergleichen. Forscher der University of Queensland haben einen Köder entwickelt, der Agakröten-Kaulquappen in ihren Untergang locken kann. Manche schießen mit Luftgewehren auf Agakröten, erschlagen sie mit dem Hammer oder mit Golfschlägern, überfahren sie absichtlich mit dem Auto, stecken sie in die Tiefkühltruhe, bis sie erstarren, oder sprühen sie mit einem Mittel namens HopStop ein, das »Kröten innerhalb von Sekunden betäubt«, wie der Hersteller den Käufern versichert, und sie innerhalb einer Stunde erledigt. Gemeinden

Ein australisches Mädchen mit
seiner zahmen Agakröte Dairy Queen.

organisieren »Krötenbekämpfungstrupps«. Eine Gruppe namens Kimberley Toad Busters empfahl, der Staat solle für jede getötete Kröte eine Prämie anbieten.[15] Das Motto der Gruppe lautet: »Wäre jeder ein Krötenjäger, wär's mit den Kröten vorbei!«

Als Tizard sich für Agakröten zu interessieren begann, hatte er noch nie eine gesehen. Geelong liegt in einer Region – im Süden von Victoria –, die sie noch nicht erobert haben. Eines Tages saß er während einer Tagung neben einer Molekularbiologin, die diese Amphibienart erforschte. Sie erzählte ihm, dass die Kröten sich trotz der Jagd auf sie ständig weiter ausbreiteten.

»Sie sagte, es sei eine derartige Schande, wenn es nur irgendeine neue Möglichkeit gäbe, dagegen vorzugehen«, erinnerte sich Tizard. »Na ja, ich setzte mich hin und kratzte mir den Kopf.«

»Ich dachte: Toxine werden auf Stoffwechselwegen erzeugt«, erklärte er weiter. »Das bedeutet durch Enzyme, und Enzyme müssen Gene haben, die sie kodieren. Also, wir haben Instrumente, die Gene aufbrechen können. Vielleicht können wir das Gen aufbrechen, das zu diesem Gift führt.«

Tizard brachte die Postdoktorandin Caitlin Cooper dazu, ihm bei den technischen Details zu helfen. Cooper hat schulterlanges braunes Haar und ein ansteckendes Lachen. (Auch sie kommt aus dem Ausland, nämlich aus Massachusetts.) Niemand hatte jemals eine Genom-Editierung bei Agakröten versucht, und so blieb es Cooper überlassen, einen Weg auszutüfteln. Sie musste die Eier der Agakröten waschen und dann mit einer ganz feinen Pipette in sie hineinstechen, das musste jedoch sehr schnell passieren, bevor die Zellteilung begann. »Es dauerte eine ganze Weile, die Technik der Mikroinjektion zu verfeinern«, erzählte sie mir.

Als eine Art Aufwärmübung versuchte Cooper zunächst, die Farbe der Agakröte zu verändern. Ein wichtiges Pigmentgen bei Kröten (wie auch bei Menschen) kodiert das Enzym Tyrosinase, das die Melaninproduktion steuert. Wenn man dieses Pigmentgen deaktivierte, müsste das Kröten mit einer hellen, statt einer dunklen Färbung hervorbringen, überlegte Cooper. Sie mischte einige Eier und Spermien in einer Petrischale, injizierte den daraus hervorgegangenen Embryos verschiedene für die CRISPR-Technologie nötige Stoffe und wartete ab. Es entstanden drei seltsam gefleckte Kaulquappen, von denen eine starb. Die beiden anderen – beides Männchen – wuchsen zu gefleckten Agakröten heran und erhielten die Namen Spot und Blondie. »Ich war total hingerissen, als das passierte«, erzählte mir Tizard.

Als Nächstes machte Cooper sich an den Versuch, die Toxizität der Kröten zu »brechen«. Agakröten speichern ihr Gift in Drüsen hinter den Schultern. In seiner Rohform macht dieses Gift ledig-

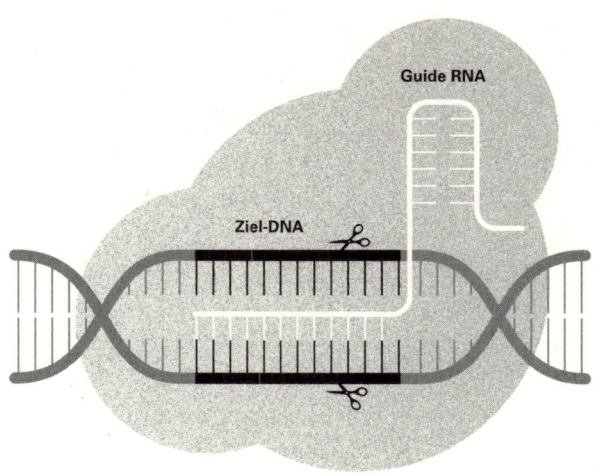

GEN-SILENCING
Gen wird durchtrennt Reparaturversuch

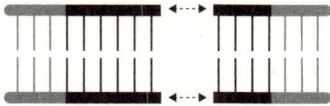

GEN-EDITIERUNG Reparaturvorlage
Gen hat eine neue Sequenz

Bei der CRISPR-Technologie nutzt man Guide-RNA,
um auf den DNA-Abschnitt zu zielen, der herausgeschnitten
werden soll. Wenn die Zelle den Schaden zu reparieren versucht,
kommt es häufig zu Fehlern, die zur Deaktivierung des Gens
führen. Mithilfe einer »Reparaturvorlage« lässt sich eine neue
Gensequenz einführen.

lich krank. Wenn die Kröten angegriffen werden, können sie jedoch ein Enzym – Bufotoxinhydrolase – produzieren, das die toxische Potenz hundertfach verstärkt.[16] Mithilfe der CRISPR-Technologie veränderte Cooper bei einer zweiten Embryogruppe das Genom so, dass ein Genabschnitt, der die Bufotoxinhydrolase kodiert, entfernt wurde. Das Ergebnis waren kleine entgiftete Agakröten.

Nachdem wir uns eine Weile unterhalten hatten, bot Cooper mir an, mir ihre Agakröten zu zeigen. Dazu mussten wir durch weitere Luftschleusen in weitere Bereiche der Anlage mit höheren Sicherheitsstufen vordringen. Wir zogen Kittel über unsere Kleidung und Überzieher über die Schuhe. Cooper sprühte meinen Rekorder mit einer Art Desinfektionsmittel ein. »Quarantänebereich. Hohe Strafandrohung«, verkündete ein Schild. Ich fand es besser, Odin und meine eigenen erheblich weniger gesicherten Genom-Editierungsexperimente nicht zu erwähnen.

Jenseits der Schleusen lag eine Art antiseptischer Stall voller Tiere in unterschiedlich großen Gehegen. Es roch nach einer Mischung aus Krankenhaus und Streichelzoo. Neben einem Block aus Mäusekäfigen hüpften die entgifteten Agakröten in einem Kunststoffbehälter herum. Die zwölf Kröten waren etwa zehn Wochen alt und jeweils knapp acht Zentimeter lang.

»Sie sind ziemlich lebhaft, wie Sie sehen«, sagte Cooper. Das Terrarium war mit allem ausgestattet, was eine Kröte sich nach menschlichen Vorstellungen nur wünschen konnte – künstliche Pflanzen, ein Wasserbehälter, eine Höhensonne. Ich musste an Krötenhall aus Kenneth Grahames Kinderbuch *Der Wind in den Weiden* denken, ausgestattet mit allen modernen Annehmlichkeiten. Eine der Kröten streckte die Zunge heraus und fraß eine Grille.

»Sie fressen buchstäblich alles«, erklärte Tizard. »Sie fressen sich sogar gegenseitig. Wenn eine große auf eine kleine trifft, ist das ein Mittagessen.«

Würde man eine Gruppe entgifteter Agakröten in der australischen Landschaft freilassen, würden sie sich vermutlich nicht lange halten. Einige würden zum Mittagessen für Süßwasserkrokodile, Warane oder Todesottern, der Rest würde in den Nachkommen der Hunderte Millionen toxischen Agakröten untergehen, die schon in freier Natur herumhüpfen.

Tizard hatte für sie eine Karriere als Erzieher im Sinn. Forschungen mit Beutelmardern deuteten darauf hin, dass sich Beuteltiere trainieren ließen, sich von Agakröten fernzuhalten. Wenn man sie mit »Krötenwürstchen«, gewürzt mit einem Brechmittel, fütterte, würden sie die Kröten mit Übelkeit assoziieren und lernen, sie zu meiden.[17] Entgiftete Kröten wären laut Tizard ein noch besseres Übungsinstrument: »Wenn ein Raubtier sie frisst, wird ihm übel, aber es stirbt nicht, sondern wird sich merken: ›Ich fresse nie wieder eine Kröte‹.«

Bevor man die entgifteten Agakröten als Lehrmittel für Beutelmarder – oder zu anderen Zwecken – einsetzen konnte, waren jedoch noch verschiedene staatliche Genehmigungen erforderlich. Als ich Cooper und Tizard besuchte, hatten sie den Papierkram für die Anträge noch nicht in Angriff genommen, dachten aber bereits über weitere Eingriffsmöglichkeiten nach. Cooper hielt es eventuell für möglich, die Gene, die den Gelüberzug der Kröteneier kodieren, so zu verändern, dass sie nicht mehr befruchtet werden könnten.

»Als sie mir diese Idee darlegte, dachte ich: brillant«, erzählte Tizard. »Wenn wir etwas machen können, was ihnen die Fruchtbarkeit nimmt, ist das reinstes Gold.« (Eine weibliche Agakröte kann bis zu 30 000 Eier auf einmal produzieren.)

Ein kleines Stück neben den entgifteten Agakröten saßen Spot und Blondie in ihrem eigenen Terrarium, das zu ihrer Unterhaltung noch aufwändiger mit dem Bild einer Tropenszenerie ausgestattet war. Mittlerweile waren sie annähernd ein Jahr alt, vollständig ausgewachsen und hatten dicke Fleischrollen um die Körpermitte wie Sumoringer. Spot war überwiegend braun mit einem gelblichen Hinterbein; Blondie war bunter, hatte weißliche Hinterbeine und helle Flecken auf Brust und Vorderbeinen. Cooper griff mit einer behandschuhten Hand in das Terrarium und holte Blondie heraus, den sie als »schön« bezeichnete. Sofort bepinkelte er sie. Dabei schien er boshaft zu grinsen, obwohl mir natürlich klar war, dass das nicht der Fall war. Nach meinem Eindruck hatte er ein Gesicht, das nur Gentechniker lieben konnten.

Nach der Standardversion der Genetik, die Schüler in der Schule lernen, hat die Vererbung Ähnlichkeit mit dem Würfeln. Wenn eine Person (oder Kröte) eine Version eines Gens von ihrer Mutter erhalten hat – nennen wir sie A – und eine andere Version dieses Gens – $A1$ – von ihrem Vater, dann haben Version A und $A1$ die gleiche Wahrscheinlichkeit, an ihr Kind vererbt zu werden. Mit jeder neuen Generation werden A und $A1$ nach den Wahrscheinlichkeitsregeln weitergegeben.

Aber wie so vieles, was in der Schule gelehrt wird, ist das nur ein Teil der Wahrheit. Es gibt Gene, die sich an die Regeln halten, und Abweichler, die es nicht tun. Solche Ausreißergene manipulieren das Spiel auf verschiedenen verschlungenen Wegen zu ihren Gunsten. Manche behindern die Replikation eines rivalisierenden Gens, andere produzieren zusätzliche Kopien von sich, um ihre Vererbungschancen zu erhöhen, und wieder andere manipulieren die Meiose, durch die sich Ei- und Samenzellen bilden.[18] Diese Tendenz von Genen, die Regeln zu brechen, bezeichnet man als »Drive«. Selbst wenn sie keinen Anpassungsvorteil bieten – oder sogar Anpassungsnachteile haben –, werden sie in mehr als der Hälfte der Fälle weitergegeben. Einige besonders eigennützige Gene werden in über neunzig Prozent der Fälle vererbt.[19] Solche Gene mit Drive hat man bei zahlreichen Lebewesen entdeckt, unter anderem bei Moskitos, Mehlkäfern und Lemmingen, und man vermutet, dass sie noch bei vielen weiteren zu finden wären, wenn man danach suchen würde.[20] (Allerdings sind die erfolgreichsten Gene mit Drive schwer zu entdecken, eben weil sie andere Varianten erfolgreich verdrängt haben.)

Seit den sechziger Jahren träumen Biologen davon, diesen Gene Drive zu nutzen – also den Drive anzutreiben. Und dieser Traum ist nun nicht zuletzt dank der CRISPR-Technologie Wirklichkeit geworden.

Bei Bakterien, denen man sozusagen das Urpatent auf die CRISPR-Technologie zuschreiben könnte, funktioniert sie als Immunsystem. Bakterien, die einen »CRISPR-Genlokus« besitzen, können DNA-Abschnitte von Viren in ihr eigenes Genom einbauen und sie wie Fahndungsfotos nutzen, um potenzielle Angreifer zu erkennen. Dann senden sie CRISPR-assoziierte Enzyme (Cas-Enzyme) aus, die wie winzige Messer wirken. Sie zerschneiden die DNA des Eindringlings an entscheidenden Stellen und machen sie damit unwirksam.

Gentechniker haben das CRISPR-Cas-System so angepasst, dass sie damit nahezu jede beliebige DNA-Sequenz herausschneiden können. Zudem haben sie Möglichkeiten gefunden, eine beschädigte Sequenz dazu zu bringen, dass sie einen fremden DNA-Abschnitt einbaut, den sie bereitstellen. (Auf diese Weise wurden meine Kolibakterien dazu bewogen, ein Adenin durch ein Cytosin zu ersetzen.) Da das CRISPR-Cas-System ein biologisches Konstrukt ist, ist es ebenfalls in DNA kodiert. Das erweist sich als entscheidend für Bestrebungen, einen Gene Drive zu erzeugen. Wenn man in einen Organismus die CRISPR-Cas-Gene einführt, lässt er sich so programmieren, dass er die genetische Umprogrammierung selbst vornimmt.

Eine Forschergruppe der Harvard University verkündete 2015, dass sie mit diesem Trick einen Gene Drive bei Hefe künstlich erzeugt habe.[21] (Ausgehend von cremefarbener und roter Hefe produzierten sie Kolonien, die nach wenigen Generationen alle rot waren.) Drei Monate später gaben Forscher der University of Ca-

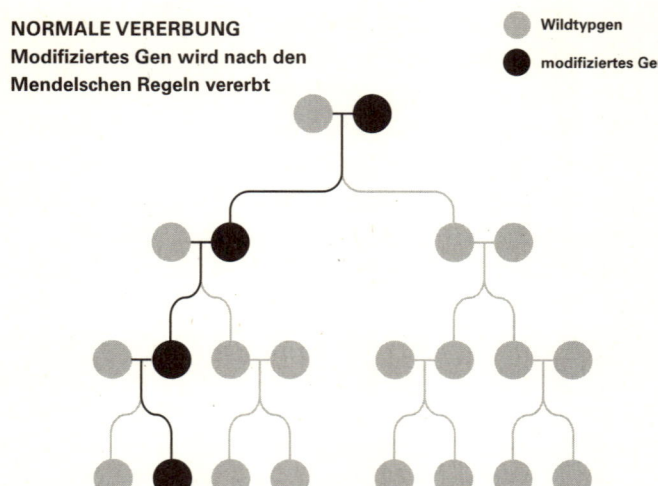

NORMALE VERERBUNG
**Modifiziertes Gen wird nach den
Mendelschen Regeln vererbt**

Wildtypgen
modifiziertes Gen

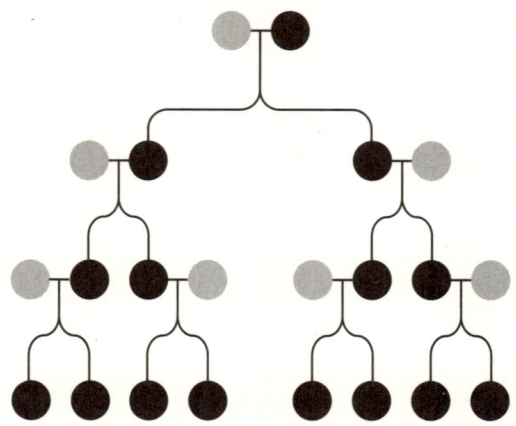

VERERBUNG MIT GENE DRIVE
Modifiziertes Gen wird immer vererbt

*Bei einem künstlich erzeugten Gene Drive werden
die normalen Vererbungsregeln aufgehoben, so dass ein
modifiziertes Gen sich schnell ausbreitet.*

lifornia in San Diego bekannt, dass sie mit weitgehend demselben Trick einen synthetischen Gene Drive bei Fruchtfliegen erzeugt hatten.[22] (Normalerweise sind Fruchtfliegen braun, aber ein Drive eines Gens für eine Art Albinismus brachte gelbe Nachkommen hervor.) Und sechs Monate später veröffentlichte eine dritte Forschergruppe ihre Erfolge, einen Gene Drive bei der Anopheles-Mücke zu erzeugen.

Wenn die CRISPR-Technologie die Macht verleiht, »die Moleküle des Lebens selbst neu zu schreiben«, wächst diese Macht durch einen synthetischen Gene Drive exponentiell. Angenommen, die Forscher in San Diego hätten ihre gelben Fruchtfliegen freigelassen und diese hätten beim Umschwärmen eines Müllcontainers auf dem Campus Paarungspartner gefunden, dann wären auch ihre Nachkommen gelb gewesen. Angenommen, diese Nachkommen hätten überlebt und sich ebenfalls erfolgreich fortgepflanzt, dann wäre auch ihr Nachwuchs gelb gewesen. Das Merkmal hätte sich unweigerlich weiter von der kalifornischen Küste bis an den Atlantik ausgebreitet, bis Gelb die bei Fruchtfliegen vorherrschende Farbe geworden wäre.[23]

Die Farbgebung von Fruchtfliegen ist durchaus nichts Besonderes, denn so gut wie jedes Gen lässt sich – zumindest grundsätzlich – so programmieren, dass die Vererbungswürfel zu seinen Gunsten gezinkt werden. Das gilt auch für Gene, die modifiziert oder von anderen Spezies entlehnt wurden. So müsste es möglich sein, einen Gene Drive zu erzeugen, der ein deaktiviertes Toxingen unter Agakröten verbreitet. Eines Tages wird es vielleicht auch möglich werden, einen Drive zu erzeugen, der bei Korallen ein Gen für Hitzetoleranz verbreitet.

In einer Welt synthetischer Gene Drives verschwindet die ohnehin schon äußerst unscharfe Grenze zwischen der von Menschen gestalteten und der natürlichen Umgebung, zwischen Labor und Wildnis fast vollständig. In einer solchen Welt bestimmen Menschen nicht nur die Bedingungen, unter denen die Evolution erfolgt, sondern können – wiederum im Grunde – auch das Ergebnis steuern.

Das erste Säugetier, bei dem man einen durch CRISPR-Technologie unterstützten Gene Drive erzeugen wird, dürfte nahezu mit Sicherheit eine Maus sein. Mäuse sind sogenannte Modellorganismen. Sie vermehren sich schnell, sind leicht zu züchten, und ihr Genom wurde eingehend erforscht.

Paul Thomas ist ein Pionier der Mäuseforschung. Sein Labor befindet sich in Adelaide im South Australian Health and Medical Research Institute, einem kurvenreichen Bau, der mit Metallzacken besetzt ist. (Die Einheimischen bezeichnen ihn als »Käsereibe«, bei meinem Besuch fand ich allerdings, dass er mehr an einen Ankylosaurus erinnert.) Als 2012 ein bahnbrechender Aufsatz über die CRISPR-Technologie erschien, erkannte Thomas auf Anhieb, dass er eine Wende einleiten würde. »Wir sprangen sofort darauf an«, erzählte er mir. Innerhalb eines Jahres hatte sein Labor mit der CRISPR-Technologie eine genmodifizierte Maus mit Epilepsie produziert.

Als die ersten Aufsätze über synthetische Gene Drives erschienen, stürzte Thomas sich wieder kopfüber in diese Materie: »Da ich mich für CRISPR und für Mäusegenetik interessiere, konnte ich diese Gelegenheit nicht auslassen, die Entwicklung einer neuen Technologie zu probieren.« Anfangs wollte er lediglich sehen, ob dieses Verfahren funktionieren würde. »Wir hatten keine sonderlichen Finanzmittel«, erzählte er. »Wir krebsten hier ziemlich herum, und solche Experimente sind teuer.«

Während Thomas noch »herumstümperte«, wie er sagte, nahm eine Gruppe mit ihm Kontakt auf, die sich GBIRd nannte. Die Abkürzung steht für Genetic Biocontrol of Invasive Rodents (Genetische Biokontrolle invasiver Nagetiere), und den Ethos der Gruppe könnte man als eine Mischung aus Dr. Moreau und Friends of the Earth bezeichnen.

»Wir wollen ebenso wie Sie unsere Welt für kommende Generationen erhalten«, heißt es auf der GBIRd-Webseite. »Es besteht Hoffnung«.[24] Auf der Seite sieht man das Bild eines Albatroskükens, das seine Mutter liebevoll anschaut.

GBIRd wollte, dass Thomas ihnen half, eine bestimmte Art von Gene Drive bei Mäusen zu entwickeln – den sogenannten Supressions-Drive, der darauf abzielt, die natürliche Selektion völlig auszuschalten. Ziel ist es, ein so schädliches Merkmal zu verbreiten, dass es eine Population auslöschen kann. In Großbritannien haben Forscher bereits gentechnisch einen Suppressions-Drive für die Stechmückenart *Anopheles gambiae* entwickelt, die Malaria überträgt. Sie haben vor, solche Mücken letztlich in Afrika freizulassen.

Thomas erklärte mir, dass es verschiedene Möglichkeiten gibt, eine selbstsupprimierende Maus gentechnisch zu produzieren, wobei die meisten mit dem Geschlecht zu tun haben. Ihn interessierte vor allem die Idee einer »X-Shredder-Maus«.

Mäuse haben wie andere Säugetiere zwei Geschlechtschromosomen: Weibchen besitzen zwei X-Chromosomen, Männchen ein X- und ein Y-Chromosom. Mäusespermien tragen jeweils nur ein Geschlechtschromosom in sich, entweder ein X oder ein Y. Eine X-Shredder-Maus ist so genmodifiziert, dass alle Spermien mit X-Chromosom defekt sind.

»Die Hälfte der Spermien fallen also aus dem Spermienpool heraus, wenn Sie so wollen«, erklärte Thomas. »Sie können sich nicht mehr entwickeln. Damit bleiben nur Samenzellen mit Y-Chromosomen übrig, so dass es nur noch männliche Nachkommen gibt.« Wenn man die Shredding-Anweisung auf dem Y-Chromosom platziert, bringt die Maus wiederum nur männliche Nachkommen hervor und so fort. Mit jeder Generation nimmt das Geschlechterungleichgewicht zu, bis schließlich keine Weibchen zur Fortpflanzung mehr übrig sind.

Die Arbeit an einer Maus mit Gene Drive kam jedoch langsamer voran, als Thomas gehofft hatte. Dennoch war er überzeugt, dass jemandem bis zum Ende des Jahrzehnts eine solche Entwicklung gelingen würde. Sie könnte auf einem X-Shredder oder auf einem Gendesign beruhen, das erst noch erfunden werden müsste. Mathematische Modelle lassen vermuten, dass ein effektiver Suppressions-Drive äußerst wirkungsvoll wäre; 100 Mäuse mit Gene Drive, die man auf einer Insel aussetzen würde, könnten innerhalb weniger Jahre eine Population von 50 000 gewöhnlichen Mäusen auf null reduzieren.[25]

»Das ist also recht erstaunlich«, schloss Thomas. »Es ist etwas, was man anstreben sollte.«

Wenn der eindeutigste geologische Marker des Anthropozäns ein Anstieg radioaktiver Partikel ist, so ist der eindeutigste biologische Marker eine Zunahme der Nagetiere. Überall auf der Erde, wo Menschen sich angesiedelt haben – und sogar an manchen Orten, die sie nur besucht haben –, sind ihnen Mäuse und Ratten gefolgt, häufig mit unangenehmen Konsequenzen.

Die pazifische Ratte (*Rattus exulans*) beschränkte sich früher auf Südostasien. Vor etwa 3000 Jahren begannen polynesische Seefahrer sie auf nahezu alle Pazifikinseln einzuschleppen. Ihre Ankunft löste eine Welle der Zerstörung nach der anderen aus, die mindestens 1000 Vogelarten ausrottete.[26] Später brachten europäische Siedler auf dieselben – und viele weitere – Inseln Schiffs- oder Hausratten (*Rattus rattus*) und setzten damit weitere Wellen des Artensterbens in Gang, die bis heute andauern. Auf das neuseeländische Big South Cape Island kamen Schiffsratten erst in den sechziger Jahren, als bereits Naturkundler da waren, die deren Folgen dokumentieren konnten. Trotz intensiver Rettungsversuche verschwanden drei auf der Insel heimische Spezies – eine Fledermaus- und zwei Vogelarten.[27]

Die Hausmaus (*Mus musculus*), die ursprünglich vom indischen Subkontinent stammt, ist mittlerweile von den Tropen bis in Polnähe zu finden. Lee Silver, Autor des Buches *Mouse Genetics*, behauptet: »Nur Menschen sind ebenso (manche würden sagen, weniger) anpassungsfähig.«[28] Unter geeigneten Bedingungen können Mäuse ebenso angriffslustig und genauso tödlich sein wie Ratten. Auf Gough Island, einer Insel, die mehr oder weniger in der Mitte zwischen Afrika und Südamerika liegt, leben die weltweit letzten 2000 Paare der Tristan-Albatrosse. Auf der Insel installierte Videokameras haben aufgezeichnet, wie Hausmäuse in Gruppen über Albatrosküken herfielen und sie lebendig fraßen. »Auf Gough Island zu arbeiten ist, wie in einem ornithologischen Traumazentrum zu arbeiten«, schrieb Alex Bond, ein britischer Naturschützer und Biologe.[29]

In den letzten Jahrzehnten war Brodifacoum, ein indirektes Antikoagulans, das zu inneren Blutungen führt, das bevorzugte Mittel gegen invasive Nager. Es kann in Ködern verabreicht, von Hand oder aus der Luft versprüht werden. (Zuerst bringt man eine Spezies per Schiff auf die ganze Welt, dann vergiftet man sie von Hubschraubern aus!) Hunderte unbewohnte Inseln wurden auf diese Weise von Mäusen und Ratten befreit, und solche Kampagnen haben dazu beigetragen, zahlreiche Spezies vor dem Aussterben zu bewahren, unter anderem die kleine, flugunfähige Campbell-Ente und die Antigua-Peitschennatter, eine gräulich gefärbte, Echsen fressende Schlange.

Die Schattenseite von Brodifacoum aus Sicht der Nager liegt auf der Hand: Innere Blutungen sorgen für ein langsames, schmerzhaftes Sterben. Auch aus ökologischer Sicht hat das Mittel Nachteile. Häufig fressen Tiere, die nicht Ziel der Maßnahmen sind, die Köder oder Nagetiere, die diese gefressen haben. So verbreitet sich das Gift in der Nahrungskette nach oben und unten. Und wenn auch nur eine tragende Maus eine Anwendung überlebt, kann aus ihr eine neue Population auf der Insel hervorgehen.

Diese Probleme würden Mäuse mit Gene Drive umgehen. Die Maßnahme hätte gezielte Auswirkungen. Tiere würden nicht mehr verbluten. Und der vielleicht beste Aspekt ist, dass man Nager mit Gene Drive auch auf bewohnten Inseln aussetzen könnte, wo man es verständlicherweise nicht gern sieht, wenn aus der Luft Antikoagulanzien versprüht werden.

Aber ein Problem zu lösen bedeutet wie so oft, neue zu schaffen – in diesem Fall große Probleme, gigantische. Ein Journalist vergleicht die Gene-Drive-Technologie mit Eis-9 in Kurt Vonneguts Roman *Katzenwiege*, ein Eis, von dem ein einziger Splitter ausreicht, um das gesamte Wasser der Erde gefrieren zu lassen.[30] Eine einzige X-Shredder-Maus, die in die freie Natur entlassen würde, könnte eine ähnlich verheerende Wirkung haben, so fürchtet er – eine Art Maus-9.

Als Schutz vor einer Vonnegut'schen Katastrophe wurden diverse ausfallsichere Vorkehrungen mit Bezeichnungen wie »Killer-Rescue«, »Multilokus-Mischung« und »Reihenschaltung« vorgeschlagen.[31] Allen ist eine grundlegende hoffnungsvolle Prämisse gemeinsam: dass es möglich sein sollte, einen Gene Drive zu erzeugen, der effektiv, aber nicht zu wirksam ist. Er könnte so angelegt sein, dass er nach wenigen Generationen auslaufen würde, oder er könnte an eine Genvariante gekoppelt werden, die nur in einer einzigen Population auf einer bestimmten Insel vorkommt. Es gibt auch Überlegungen, ob es für den Fall, dass ein Gene Drive außer Kontrolle gerät, möglich wäre, einen anderen Gene Drive mit einer sogenannten CATCHA-Sequenz in die Welt zu entlassen, der den ersten Drive bekämpft.[32] Was könnte da schon schiefgehen?

Während meiner Australienreise wollte ich aus dem Labor hinaus in die freie Natur. Ich dachte, es wäre schön, einige Zwergbeutelmarder zu sehen. Auf den Fotos, die ich im Internet fand, sahen sie unglaublich niedlich aus – ein bisschen wie Miniaturdachse. Aber als ich mich danach erkundigte, erfuhr ich, dass die Beobachtung von Zwergbeutelmardern wesentlich mehr Fachkunde und Zeit erforderte, als ich zur Verfügung hatte. Es wäre viel einfacher, einige der Amphibien zu finden, die Zwergbeutelmarder töteten. Also machte ich mich an einem Abend mit der Biologin Lin Schwarzkopf auf zur Krötenjagd.

Zufällig gehörte Schwarzkopf zu den Entwicklern der Toadinator-Krötenfalle, und so machten wir einen Abstecher in ihr Büro an der James Cook University, um uns eine solche Vorrichtung anzusehen. Sie bestand aus einem Käfig von der Größe eines Toasters mit einer Kunststoffklappe. Als Schwarzkopf den kleinen Lautsprecher der Falle einschaltete, hallte das Büro vom monotonen Ruf der Kröte wider.

»Männliche Kröten werden von allem angelockt, was sich auch nur entfernt nach einer Agakröte anhört«, erklärte sie mir. »Wenn sie einen Generator hören, gehen sie dorthin.«

Die James Cook University befindet sich an der Nordküste Queenslands in der Region, in der Agakröten erstmals eingeführt wurden. Nach Schwarzkopfs Ansicht sollten wir auf dem Universitätsgelände einige Agakröten entdecken können. Wir legten Stirnlampen an. Es war gegen 21 Uhr, und bis auf uns beide und eine Wallaby-Familie, die herumhüpfte, lag der Campus verlassen da. Eine Weile schlenderten wir herum und hielten Ausschau nach dem boshaften Funkeln von Augen. Als ich schon entmutigt aufgeben wollte, entdeckte Schwarzkopf in der Laubdecke am Boden eine Agakröte. Sie hob sie auf und erkannte sofort, dass es ein Weibchen war.

»Sie tun nichts, wenn man ihnen nicht wirklich schwer zusetzt«, sagte sie und deutete auf die Giftdrüsen der Kröte, die wie zwei schlaffe Hautsäcke aussahen. »Darum sollte man auch nicht mit einem Golfschläger auf sie eindreschen. Denn wenn man die Drüsen trifft, kann das Gift herausspritzen. Und wenn man es in die Augen bekommt, ist man für einige Tage blind.«

Wir schlenderten weiter. Die Witterung war seit einiger Zeit so trocken, dass es den Kröten wahrscheinlich an Feuchtigkeit fehlte, stellte Schwarzkopf fest. »Sie lieben Klimaanlagen – alles, was tropft.« In der Nähe eines alten Treibhauses hatte jemand kürzlich einen Gartenschlauch laufen lassen, und dort fanden wir zwei weitere Agakröten. Schwarzkopf drehte eine sarggroße Holzkiste um. »Die Goldader!«, verkündete Schwarzkopf. In einer flachen Pfütze hockten mehr Agakröten, als ich zählen konnte. Manche saßen aufeinander. Ich dachte, sie würden zu flüchten versuchen, aber sie blieben unbeirrt sitzen.

Das stärkste Argument, bei Agakröten, Hausmäusen und Hausratten eine Gen-Editierung vorzunehmen, ist zugleich das einfachste: Welche Alternative gibt es? Solche Technologien als unnatürlich abzulehnen bringt die Natur nicht zurück. Es geht nicht um die Wahl zwischen dem Vergangenen und dem Bestehenden, sondern um die Wahl zwischen dem, was ist, und dem, was sein wird, und das ist oft genug nichts. So sieht die Lage für den Teufelsloch-Wüstenkärpfling, den Shoshone-Wüstenkärpfling, den Pahrump-Killifisch, den Zwergbeutelmarder, die Campbell-Ente und den Tristan-Alabtros aus. Hält man sich an eine strenge Interpretation des Natürlichen, dann sind diese – und Tausende weitere Spezies – dem Tod geweiht. Am gegenwärtigen Punkt lautet die Frage nicht, ob wir die Natur verändern, sondern, mit welchem Ziel wir sie verändern.

»Wir sind wie Götter und sollten gut darin werden«, schrieb Stewart Brand, der Herausgeber des *Whole Earth Catalog*, in der ersten Auflage 1968. Als Reaktion auf die Transformation der ganzen Erde, die derzeit stattfindet, formulierte Brand seine Äußerung kürzlich noch schärfer: »Wir sind wie Götter und *müssen* gut darin werden.« Zusammen mit anderen gründete Brand die Gruppe Revive & Restore, die das erklärte Ziel verfolgt, »durch neue Technologien der genetischen Rettung die Biodiversität zu fördern«.[33] Zu den fantastischeren Projekten, die diese Gruppe unterstützt, gehören Bestrebungen, die Wandertaube wiederauferstehen zu lassen. Dahinter steht die Idee, die Geschichte umzukehren, indem man die Gene der engsten noch lebenden Verwandten dieser Vögel, der Schuppenhalstaube, modifiziert.

Wesentlich näher an einer Verwirklichung sind Bestrebungen, die amerikanische Kastanie wieder anzusiedeln. Früher war diese Baumart im Osten der Vereinigten Staaten weit verbreitet, wurde aber durch den Kastanienrindenkrebs nahezu völlig vernichtet. (Diese Pilzkrankheit wurde zu Beginn des 20. Jahrhunderts in Nordamerika eingeschleppt und ließ dort fast alle Kastanien – geschätzte vier Milliarden Bäume – absterben.) Forscher des SUNY College of Environmental Science and Forestry in Syracuse, New York, haben eine genmodifizierte Kastanienart entwickelt, die gegen den Rindenkrebs immun ist. Entscheidend für diese Immunität ist ein importiertes Weizengen. Wegen dieses einen entlehnten Gens gilt der Baum als transgene Pflanze, die Genehmigungen der Bundesbehörden unterliegt. Folglich dürfen pilzresistente Setzlinge vorerst nur in Treibhäusern und auf eingezäunten Flächen angepflanzt werden.

Wie Tizard bereits erklärte, transportieren wir ständig Gene über die ganze Welt, meist in Form ganzer Genome. So kam der Kastanienrindenkrebs ursprünglich mit asiatischen Kastaniensetzlingen aus Japan nach Nordamerika. Wenn wir unseren früheren tragischen Fehler korrigieren können, indem wir nur ein weiteres Gen verändern, sind wir es der amerikanischen Kastanie dann nicht schuldig, dies zu tun? Man könnte argumentieren, die Fähigkeit, »die Moleküle des Lebens umzuschreiben«, erlege uns eine Verpflichtung auf.

Selbstverständlich gibt es auch triftige Argumente gegen solche Eingriffe. Hinter einer »genetischen Rettung« stehen dieselben Überlegungen, die für viele verpfuschte weltverändernde Maßnahmen verantwortlich waren. (Siehe die Beispiele der asiatischen Karpfen und der Agakröten.) Die Geschichte biologischer Eingriffe, die zur Korrektur vorhergehender biologischer Eingriffe gedacht waren, liest sich wie eine Episode aus Dr. Seuss' Kinderbuch *The Cat in the Hat Comes Back*: Darin soll der Kater die Badewanne sauber machen, nachdem er darin Kuchen gegessen hat.

Do you know how he did it?	Wisst ihr, wie er's machte?
WITH MOTHER'S WHITE DRESS!	MIT MUTTERS WEISSEM KLEID!
Now the tub was all clean,	Nun war die Wanne sauber,
But the dress was a mess![34]	aber das Kleid hinüber!

In den fünfziger Jahren beschloss Hawaiis Department of Agriculture, die afrikanische Achatschnecke, die man zwanzig Jahre zuvor als Gartenzierde importiert hatte, in Schach zu halten, indem es Rosige Wolfsschnecken, eine räuberische Landschneckenart, importierte. Die Wolfsschnecken ließen die Riesenschnecken weitgehend in Ruhe, fraßen sich stattdessen durch Dutzende kleine Landschneckenarten, die auf Hawaii heimisch waren, und produzierten so eine »Massenausrottung«, wie E. O. Wilson es nannte.[35]

Als Reaktion auf Brands Äußerung erklärte Wilson, »dass wir nicht göttergleich sind. Wir sind längst nicht empfindsam und intelligent genug, um irgendeine Ausnahmestellung beanspruchen zu können.«[36]

Der britische Autor und Aktivist Paul Kingsnorth hat es so formuliert: »Wir sind Götter, aber wir haben es nicht geschafft, gut darin zu sein. [...] Wir sind Loki, der das Schöne zum Spaß tötet. Wir sind Saturn und verschlingen unsere Kinder.«[37]

Kingsnorth äußerte die Ansicht: »Manchmal ist es besser, nichts zu tun, als etwas zu tun. Manchmal ist es umgekehrt.«

III

IN DIE LUFT

6

Vor einigen Jahren bekam ich per E-Mail Werbung von einer Firma, die allen, die über ihren eigenen Beitrag zur Zerstörung unseres Planeten besorgt waren, einen neuen Service anbot. Für einen gewissen Preis würde das Unternehmen namens Climeworks Kohlenstoffemissionen der Abonnenten aus der Luft filtern und das CO_2 Hunderte Meter unter die Erde injizieren, wo das Gas sich zu Stein verfestigen würde.

»Warum sollte man CO_2 in Stein verwandeln?«, fragte die E-Mail. Weil die Menschheit bereits so viel Kohlenstoff emittiert habe, »dass wir es aus der Atmosphäre entfernen müssen, um die Erderwärmung auf einem sicheren Niveau zu halten.« Ich abonnierte den Dienst umgehend und wurde zu einer »Pionierin«. Jeden Monat schickte die Firma mir eine weitere E-Mail – »Ihr Abonnement wird bald verlängert, und Sie werden weiterhin CO_2 in Stein verwandeln« –, bevor sie meine Kreditkarte belastete. Nach einem Jahr fand ich es an der Zeit, mir meine Emissionen mal anzusehen – zugegebenermaßen ein gewagter Schritt, der meine Emissionen noch weiter steigern würde.

Climeworks hat seinen Sitz zwar in der Schweiz, betreibt seine CO_2-Abscheidung und -Speicherung aber im Süden Islands. Nach meiner Landung in Reykjavík nahm ich einen Mietwagen und fuhr auf der Route 1, die rund um das Land führt, Richtung Osten. Nach etwa zehn Minuten hatte ich die Innenstadt hinter mir gelassen. Nach zwanzig Minuten hörten auch die Vororte auf, und ich fuhr über ein ehemaliges Lavafeld.

Im Grunde ist ganz Island ein Lavafeld. Die Insel liegt auf dem Mittelatlantischen Rücken und wird in entgegengesetzte Richtungen auseinandergezogen. Diagonal durch das Land zieht sich ein Saum aktiver Vulkane. Ich war unterwegs zu einem Ort unweit dieses Vulkansaums, zu dem 300-Megawatt-Geothermalkraftwerk Hellisheiði. Die Landschaft wirkte, als hätten Riesen sie gepflastert und dann verlassen. Es gab weder Bäume noch Sträucher, nur Gras und Moss. Kantige schwarze Felsbrocken lagen in Haufen durcheinander.

Als ich am Tor des Kraftwerks ankam, schien der ganze Ort zu dampfen, und es stank nach Schwefel. Bald darauf kam ein leuchtend orangefarbener Kleinwagen angefahren und Edda Aradóttir stieg aus, eine leitende Angestellte bei Reykjavík Energy, dem Unternehmen, dem das Kraftwerk gehört. Aradóttir hat ein rundes Gesicht, langes blondes Haar, das sie aufgesteckt hatte, und trägt eine Brille. Sie reichte mir einen Schutzhelm und setzte sich ihren auf.

Geothermalkraftwerke gelten als vergleichsweise »sauber«. Statt fossiler Brennstoffe nutzen sie Dampf oder überhitztes Wasser, das sie aus dem Untergrund pumpen, daher stehen sie häufig in vulkanisch aktiven Gegenden. Aber auch sie produzieren Emissionen, wie Aradóttir mir erklärte. Mit dem überhitzten Wasser fördern sie unweigerlich auch unerwünschte Gase zutage wie Schwefelwasserstoff (der für den Gestank verantwortlich war) und Kohlendioxid. Vor dem Anthropozän waren Vulkane die Hauptquelle für CO_2 in der Atmosphäre.

Vor etwa zehn Jahren entwickelte Reykjavík Energy einen Plan, seine saubere Energie noch sauberer zu machen. Statt das Kohlendioxid in die Luft entweichen zu lassen, sollte das Kraftwerk Hellisheiði das Gas einfangen und in Wasser lösen. Diese Mischung – im Grunde ein Sodawasser unter Hochdruck – würde es dann wieder in den Untergrund pumpen. Nach Berechnungen von Aradóttir und anderen würde das CO_2 tief unter der Erde mit dem Vulkangestein reagieren und mineralisieren.

»Wir wissen, dass Gestein CO_2 speichert«, erklärte sie mir. »Tatsächlich ist es eines der größten Kohlenstoffreservoirs der Erde. Die Idee ist, diesen Prozess zu imitieren und zu beschleunigen, um den globalen Klimawandel zu bekämpfen.«

Aradóttir öffnete das Tor, und wir fuhren in dem kleinen orangefarbenen Auto an die Rückseite des Kraftwerks. Es war ein windiger Spätfrühlingstag, und der Dampf, der aus den Rohren und Kühltürmen aufstieg, schien sich nicht entscheiden zu können, in welche Richtung er ziehen sollte. Wir hielten an einem großen, metallverkleideten Anbau an einem Gebilde, das einer Raketenabschussrampe ähnelte. Ein Schild an dem Gebäude verkündete: »STEINRUNNIÐ GRÓÐURHÚSALOFT«: versteinertes Treibhausgas. Aradóttir erklärte mir, dass das Kraftwerk in der »Raketenabschussrampe« das CO_2 von anderen geothermischen Gasen trennte und zur Injektion vorbereitete. Wir fuhren ein Stück weiter und kamen zu etwas, was wie eine überdimensionale Klimaanlage auf einem Container aussah. Auf einem Schild an dem Container stand: »ÚRLAUSU LOFTI«, aus der Luft.

Das war die Climeworks-Anlage, die meine Emissionen – eigentlich nur einen Bruchteil meiner Emissionen – aus der Atmosphäre filterte. Plötzlich fing das Gerät, das offiziell Direct Air Capture Unit, CO_2-Abscheider aus der Umgebungsluft, heißt, an zu brummen. »Oh, gerade startet der Zyklus«, sagte sie. »Wir haben Glück!«

»Zu Beginn des Zyklus saugt die Anlage Luft an«, erklärte sie mir. »Das CO_2 bindet sich an bestimmte Chemikalien im Abscheider. Diese Chemikalien erhitzen wir, und dabei wird das CO_2 freigesetzt.« Dieses Kohlendioxid – das Climeworks-CO_2 – wird anschließend der Sprudelwassermischung aus dem Kraftwerk auf dem Weg zur Injektionsstelle beigemischt.

Auch ohne menschliches Zutun würde das vom Menschen emittierte Kohlendioxid letztlich zum großen Teil durch einen natürlichen Prozess, den man chemische Verwitterung nennt, mineralisiert werden. Allerdings bedeutet »letztlich« hier einen Zeit-

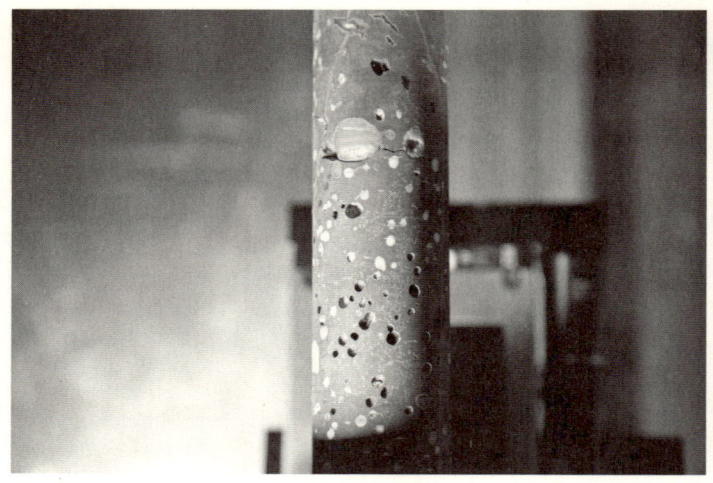

Basaltbohrkern mit Calciumcarbonat-Taschen.

raum von Hunderttausenden Jahren, und wer hat schon Zeit, auf die Natur zu warten? Im Kraftwerk Hellisheiði beschleunigten Aradóttir und ihre Kollegen die chemischen Reaktionen um ein Vielfaches. Ein Prozess, der normalerweise Jahrtausende erforderte, wurde auf einige Monate komprimiert.

Aradóttir hatte einen Gesteinsbohrkern mitgebracht, um mir das Endergebnis zu zeigen. Er war etwa sechzig Zentimeter lang, hatte einen Durchmesser von fünf Zentimetern und die dunkle Färbung der Lavafelder. Aber das schwarze Gestein – Basalt – war von kleinen Löchern durchsetzt, in denen eine kalkweiße Verbindung saß: Calciumcarbonat. Die weißen Ablagerungen entstammten vielleicht nicht meinen Emissionen, zumindest aber denen irgendeines Menschen.

Wann Menschen genau anfingen, die Atmosphäre zu verändern, ist umstritten. Nach einer Theorie begann dieser Prozess vor 8000 bis 9000 Jahren, also bereits vor Anbruch der schriftlich überlieferten Geschichte, als im Nahen und Mittleren Osten und in Asien der Weizen domestiziert wurde. Als die ersten Bauern Wälder rodeten und niederbrannten, um Land für den Ackerbau zu gewinnen, wurde Kohlendioxid freigesetzt. Dabei handelte es sich zwar um relativ geringe Mengen, aber laut den Verfechtern dieser Theorie, die man die »Frühanthropozän-Hypothese« nennt, hatten sie durchaus Auswirkungen. Aufgrund natürlicher Zyklen hätten die CO_2-Mengen in dieser Periode eigentlich fallen müssen. Aber das menschliche Eingreifen hielt sie mehr oder weniger konstant.

»Der Wechsel vom Einfluss der Natur auf das Klima zu dem des Menschen begann vor mehreren tausend Jahren«, schrieb William Ruddiman, ein emeritierter Professor der University of Virginia und der prominenteste Verfechter eines »Frühanthopozäns«.[1]

Nach einer anderen, weiter verbreiteten Ansicht kam dieser Wechsel erst im ausgehenden 18. Jahrhundert richtig in Gang, nachdem der schottische Ingenieur James Watt die Dampfmaschine weiterentwickelt hatte. Watts Dampfmaschine kurbelte die industrielle Revolution an. In dem Maße, wie Dampfkraft die Wasserkraft ersetzte, stiegen die CO_2-Emissionen zunächst allmählich, dann mit schwindelerregender Geschwindigkeit. Im ersten Jahr, in dem Watt seine Erfindung vermarktete, 1776, emittierten Menschen etwa 15 Millionen Tonnen Kohlendioxid.[2] Bis 1800 stiegen die jährlichen Emissionen auf dreißig Millionen Tonnen, bis 1850 auf zweihundert Millionen Tonnen und bis 1900 auf annähernd zwei Milliarden Tonnen. Mittlerweile liegen sie bei annähernd vierzig Milliarden Tonnen jährlich. Wir haben die Atmosphäre so stark verändert, dass gegenwärtig eins von drei CO_2-Molekülen in der Luft auf menschliche Emissionen zurückgeht.

Infolge dieses Eingreifens ist die Durchschnittstemperatur auf der Erde seit Watts Zeiten um 1,1 Grad Celsius gestiegen, was eine Vielzahl immer schlimmerer Folgen nach sich zieht. Es kommt zu länger anhaltenden Dürren,[3] heftigeren Stürmen[4] und tödlicheren

Hitzewellen. Die Waldbrandsaison wird immer länger, und die Brände werden zunehmend ausgedehnter.[5] Der Anstieg des Meeresspiegels beschleunigt sich. Laut einer kürzlich in der Zeitschrift *Nature* veröffentlichten Studie hat sich der Masseverlust des antarktischen Eisschilds durch Abschmelzen verdreifacht.[6] Wie eine weitere Studie kürzlich voraussagte, werden die meisten Atolle innerhalb weniger Jahrzehnte unbewohnbar werden, darunter ganze Staaten wie die Malediven und die Marshallinseln.[7] Schon J. R. McNeill sagte, Marx paraphrasierend: »Menschen schaffen sich ihr eigenes Klima, aber sie machen es nicht so, wie es ihnen gefällt.«

Niemand kann genau sagen, wie warm es auf der Erde werden darf, bevor eine ausgemachte Katastrophe – die Überflutung eines bevölkerungsreichen Landes wie Bangladesch oder der Zusammenbruch eines wichtigen Ökosystems wie der Korallenriffe – unausweichlich wird. Offiziell gilt als Schwellenwert einer Katastrophe eine durchschnittliche Erderwärmung um zwei Grad Celsius gegenüber dem Niveau vor dem Beginn der industriellen Revolution. Auf der UN-Klimakonferenz in Cancún 2010 erkannten praktisch alle Staaten das Zwei-Grad-Ziel an.

Auf der UN-Klimakonferenz in Paris 2015 kamen den führenden Politikern der Welt allerdings Bedenken, und sie entschieden, das Zwei-Grad-Ziel sei zu hoch. Daher verpflichteten sich die Unterzeichner des Pariser Klimaabkommens, »dass der Anstieg der durchschnittlichen Erdtemperatur deutlich unter zwei Grad Celsius über dem vorindustriellen Niveau gehalten wird und Anstrengungen unternommen werden, um den Temperaturanstieg auf 1,5 Grad Celsius über dem vorindustriellen Niveau zu begrenzen«.[8]

Gleichwie sind die Berechnungen ernüchternd. Um unter zwei Grad Celsius Erderwärmung zu bleiben, müssten die globalen Emissionen innerhalb der kommenden Jahrzehnte nahezu auf null reduziert werden. Um die Erwärmung auf 1,5 Grad Celsius zu begrenzen, müssten sie innerhalb des kommenden Jahrzehnts nahezu auf null gesenkt werden.[9] Dazu wäre es zunächst notwendig, Landwirtschaft und Produktion umzugestalten, Fahrzeuge mit Benzin- und Dieselmotoren abzuschaffen und die meisten Kraftwerke der Welt zu ersetzen.

Die Kohlendioxid-Abscheidung und -Speicherung bietet eine Möglichkeit, die Berechnungen zu verändern. Wenn man der Atmosphäre große Mengen CO_2 entzieht, könnten solche »Negativemissionen« die positiven aufwiegen. Vielleicht wäre es sogar machbar, die Katastrophenschwelle zu überschreiten und dann genügend Kohlenstoff aus der Luft zu filtern, um das Verhängnis in Schach zu halten, eine Situation, die man als »Overshoot« bezeichnet.

Wenn sich von jemandem behaupten lässt, er habe die »Negativemissionen« erfunden, so ist es der in Deutschland geborene Physiker Klaus Lackner. Er ist mittlerweile Ende sechzig, schlank, hat dunkle Augen und eine ausgeprägte Stirn. Ich traf ihn an der Arizona State University in Tempe, an der er arbeitet. Sein Büro war nahezu völlig kahl bis auf einige Cartoons zum Thema Nerds aus der Zeitschrift *The New Yorker*, die seine Frau für ihn ausgeschnitten hatte, wie er mir erzählte. Auf einem der Cartoons stehen zwei Wissenschaftler vor einem riesigen Whiteboard voller Gleichungen. »Die Berechnung stimmt«, sagt der eine. »Sie ist bloß geschmacklos.«

Lackner hat den größten Teil seines Erwachsenenlebens in den Vereinigten Staaten verbracht. Ende der siebziger Jahre ging er nach Pasadena, um bei George Zweig, einem der Entdecker der Quarks, zu studieren, und wechselte einige Jahre später an das Los Alamos National Laboratory, wo er zur Kernfusion forschte. »Teile der Arbeit waren geheim«, sagte er mir, »andere nicht.«

Die Kernfusion ist der Prozess, der Sternen und hier auf der Erde thermonuklearen Bomben ihre Energie verleiht. Als Lackner in Los Alamos war, galt sie als Energiequelle der Zukunft. Ein Kernfusionsreaktor könnte im Grunde unbegrenzte Mengen kohlenstofffreier Energie aus Wasserstoffisotopen liefern. Lackner kam zu der Überzeugung, dass die Entwicklung eines Kernfusionsreaktors noch mindestens Jahrzehnte dauern würde. Und nun, Jahrzehnte später, herrscht allgemein die Auffassung, dass ein funktionsfähiger Reaktor nach wie vor Jahrzehnte entfernt ist.

»Mir wurde, vermutlich früher als den meisten, klar, dass die Behauptungen über den Niedergang der fossilen Brennstoffe stark übertrieben waren«, erzählte er.

In den frühen neunziger Jahren saß Lackner eines Abends mit Christopher Wendt, einem befreundeten Physiker, bei einem Bier zusammen. Die beiden fragten sich, warum »niemand mehr diese wirklich verrückten, großen Dinge macht«, wie Lackner es ausdrückte. Das führte zu weiteren Fragen und Gesprächen (und wohl auch Bieren).

Die beiden entwickelten ihre eigene »verrückte, große« Idee, die ihrer Ansicht nach eigentlich gar nicht so verrückt war. Einige Jahre nach diesem ersten Gespräch verfassten sie einen Aufsatz voller Gleichungen, in dem sie argumentierten, selbstreplizierende Maschinen könnten den Energiebedarf der Welt decken und dabei mehr oder weniger gleichzeitig den Schlamassel aufräumen, den die Menschen durch das Verbrennen fossiler Brennstoffe angerichtet hatten. Diese Maschinen nannten sie »Auxons«, abgeleitet von dem griechischen Wort αυξάνω, »wachsen«. Diese Auxons sollten ihre Energie von Solarzellen erhalten und in dem Maße, wie sie sich vermehrten, weitere Solarzellen aus Elementen wie Silizium und Aluminium produzieren, die sie aus dem Boden in ihrer Umgebung extrahieren. Die expandierende Solarzellenansammlung würde eine exponentiell wachsende Energiemenge erzeugen. Auf einem Areal von einer Million Quadratkilometern, einer Fläche so groß wie Nigeria, aber »kleiner als viele Wüsten«, wie Lackner und Wendt anmerkten, ließe sich der gesamte Strombedarf der Erde mehrfach decken.[10]

Dieselbe Anlage könnte man auch nutzen, um Kohlenstoff aus der Luft zu filtern. Nach ihren Berechnungen würde eine Solarfarm auf einer Fläche von der Größe Nigerias ausreichen, um das gesamte, von Menschen emittierte Kohlendioxid abzuscheiden. Idealerweise würde es mineralisiert wie meine Emissionen in Island. Nur wären es nicht kleine Calciumcarbonattaschen, sondern ganze Landflächen, genug, um Venezuela mit einer 45 Zentimeter dicken Schicht zu bedecken. (Wo dieses Gestein gelagert werden sollte, führten die beiden nicht aus.)

Jahre vergingen. Lackner ließ seine Auxon-Idee ruhen, interessierte sich aber zunehmend für Negativemissionen.

»Manchmal kann man viel lernen, wenn man solche extremen Endpunkte durchdenkt«, erklärte er mir. Er begann, über dieses Thema Vorträge zu halten und Aufsätze zu schreiben. Seiner Ansicht nach musste die Menschheit eine Möglichkeit finden, Kohlenstoff aus der Luft zu filtern. Manche seiner Kollegen hielten ihn für verrückt, andere für visionär. »Klaus ist tatsächlich ein Genie«, sagte mir Julio Friedmann, ein ehemaliger Staatssekretär im US-Energieministerium, der mittlerweile an der Columbia University arbeitet.

Anfang des 21. Jahrhunderts schlug Lackner Gary Comer, einem Mitbegründer des Textilhandelsunternehmens Land's End, einen Plan zur Entwicklung einer Kohlenstoffabscheidetechnik vor. Zu diesem Treffen brachte Comer seinen Investmentberater mit, der lediglich witzelte, Lackner sei weniger auf der Suche nach Risikokapital als vielmehr nach »Abenteuerkapital«.[11] Dennoch investierte Comer fünf Millionen US-Dollar. Das Unternehmen kam so weit, einen kleinen Prototyp zu bauen, aber als es gerade neue Investoren suchte, brach 2008 die Finanzkrise aus.

»Unser Timing war hervorragend«, meinte Lackner. Da das Unternehmen keine weiteren Finanzmittel auftreiben konnte, musste es schließen. Unterdessen stieg der Verbrauch fossiler Brennstoffe weiter und mit ihm nahmen auch die CO_2-Emissionen zu. Lackner kam zu der Überzeugung, dass die Menschheit sich unwissentlich bereits auf die Kohlendioxidabscheidung festgelegt hatte.

»Wir sind in einer äußerst unangenehmen Lage«, erklärte er mir. »Ich bin der Ansicht, wenn Technologien, die der Umwelt CO_2 entziehen, scheitern, stecken wir in erheblichen Schwierigkeiten.«

Lackner gründete 2014 das Center for Negative Carbon Emissions an der Arizona State University. Die meisten Geräte, die er sich ausdenkt, werden in einer Werkstatt einige Blocks von seinem Büro entfernt gebaut. Nachdem wir uns eine Weile unterhalten hatten, gingen wir dorthin.

In der Werkstatt bastelte ein Ingenieur an etwas herum, was aussah wie das Innenleben einer Schlafcouch. Dort, wo in der Wohnzimmerversion eine Matratze gelegen hätte, befand sich hier eine kunstvolle Anordnung aus Kunststoffbändern. In jedem Band war ein Pulver aus Tausenden winzigen bernsteinfarbenen Perlen. Wie Lackner mir erklärte, bestanden sie aus einem Granulat, das normalerweise zur Wasseraufbereitung verwendet wurde und das man lastwagenweise kaufen konnte. In trockenem Zustand absorbierte dieses Pulver Kohlendioxid, in nassem setzte es CO_2 frei. Hinter der sofaartigen Anordnung steckte die Idee, die Bänder der durstigen Luft Arizonas auszusetzen und die ganze Vorrichtung anschließend in einem versiegelten Behälter mit Wasser zu versenken. Das in der trockenen Phase gebundene Kohlendioxid würde in der nassen Phase wieder freigesetzt und könnte dann aus dem Behälter gepumpt werden, um den ganzen Vorgang von Neuem zu beginnen, so dass die Couch immer wieder auf- und zugeklappt würde.

Nach Lackners Berechnungen könnte ein solches Gerät in der Größe eines Sattelaufliegers pro Tag eine Tonne Kohlendioxid, also 365 Tonnen im Jahr abscheiden. Da sich die weltweiten Emissionen derzeit auf etwa vierzig Milliarden Tonnen jährlich belaufen, könnte man mehr oder weniger damit Schritt halten, »wenn man

100 Millionen aufliegergroße Einheiten bauen würde«. Lackner räumte ein, dass diese Zahl entmutigend klang. Allerdings wandte er ein, dass das iPhone erst seit 2007 auf dem Markt ist und mittlerweile nahezu eine Milliarde davon in Gebrauch sind. »Wir sind noch in einer frühen Phase«, stellte er fest.

Wenn wir »erhebliche Schwierigkeiten« vermeiden wollen, ist nach Lackners Ansicht ein anderes Denken erforderlich: »Wir brauchen einen Paradigmenwechsel.« Wir sollten zu Kohlendioxid dieselbe Haltung einnehmen wie zum Abwasser. Schließlich erwarten wir von den Menschen auch nicht, dass sie aufhören, Abwasser zu produzieren. »Es wäre unsinnig, Leute dafür zu belohnen, dass sie das Bad weniger benutzen«, schrieb Lackner.[12] Aber wir lassen sie auch nicht auf den Bürgersteig kacken. Einer der Gründe, dass es uns so schwerfällt, das Kohlenstoffproblem anzugehen, ist seiner Ansicht nach, dass es so moralisch befrachtet ist. In dem Maße, wie Emissionen als schlecht gelten, werden die Emittierenden zu Schuldigen.

»Eine solche moralische Haltung macht praktisch jeden zum Sünder und die vielen, die sich wegen des Klimawandels sorgen, aber dennoch an den Vorzügen der Moderne teilhaben, zu Heuchlern«, schrieb er.[13] Ein Paradigmenwechsel würde die Debatte verändern. Ja, der Mensch hat die Atmosphäre grundlegend verändert. Ja, das wird wahrscheinlich alle erdenklichen furchtbaren Konsequenzen haben. Aber Menschen sind einfallsreich. Sie kommen auf verrückte, großartige Ideen, die manchmal sogar wirklich funktionieren.

In den ersten Monaten des Jahres 2020 fand ein riesiges, unkontrolliertes Experiment statt. Während das Corona-Virus tobte, wurden Milliarden Menschen gezwungen, zuhause zu bleiben. Auf dem Höhepunkt des Lockdown im April sanken die globalen CO_2-Emissionen um geschätzte 17 Prozent gegenüber dem Vergleichszeitraum des Vorjahres.[14]

Diesem Rückgang – dem stärksten, der je verzeichnet wurde – folgte unmittelbar ein neuer Höchststand. Im Mai 2020 erreichte der Kohlendioxidanteil in der Atmosphäre einen Rekordwert von 417,1 ppm (Teilen pro Million).

Sinkende Emissionen und eine zunehmende Konzentration in der Atmosphäre verweisen auf eine hartnäckige Tatsache in Bezug auf Kohlendioxid: Ist es erst einmal in der Luft, dann bleibt es dort. Wie lange es genau dort bleibt, ist eine schwierige Frage, denn CO_2-Emissionen sind im Grunde kumulativ.[15] Häufig werden sie mit einer Badewanne verglichen: Solange das Wasser läuft und der Abfluss versperrt ist, füllt sich die Wanne. Dreht man den Wasserstrahl kleiner, füllt sich die Wanne weiter, nur langsamer.

Will man den Vergleich weiterführen, so könnte man sagen, dass die Zwei-Grad-Wanne sich ihrem Fassungsvermögen nähert und die 1,5-Grad-Wanne schon beinahe überläuft. Deshalb sind Kohlenstoffberechnungen so schwierig. Die Emissionen zu senken ist absolut notwendig, aber zugleich unzureichend. Würden wir sie um die Hälfte reduzieren – ein Schritt, der den Umbau eines Großteils der Infrastruktur der Welt erfordern würde –, würde der CO_2-Gehalt der Atmosphäre nicht sinken, sondern lediglich weniger schnell steigen.

Zudem stellt sich die Frage der Gleichheit. Da Kohlenstoffemissionen sich kumulativ anreichern, tragen diejenigen, die im Laufe der Zeit am meisten emittiert haben, die größte Verantwortung für den Klimawandel. Die Vereinigten Staaten, die lediglich vier Prozent der Weltbevölkerung stellen, sind für nahezu dreißig Prozent der aggregierten Emissionen verantwortlich.[16] Die EU-Mitgliedsländer haben mit ihren etwa sieben Prozent der Weltbevölkerung ungefähr 22 Prozent der aggregierten Emissionen produziert. China hat einen Anteil von etwa 18 Prozent an der Weltbevölkerung und von 13 Prozent an den Emissionen. Indien, das China bald als bevölkerungsreichstes Land der Erde ablösen dürfte, ist für 3 Prozent der Emissionen verantwortlich. Sämtliche Länder

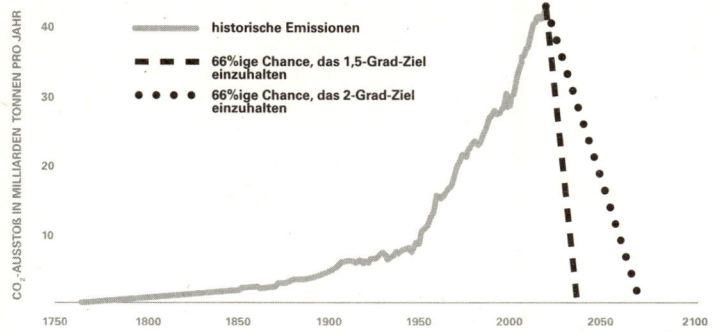

Wenn die Welt eine Zwei-Drittel-Chance haben soll, ohne Kohlendioxidabscheidung unter 2 Grad Erderwärmung zu bleiben, müssten die CO_2-Emissionen innerhalb der kommenden Jahrzehnte auf null gesenkt werden. Wenn die Erderwärmung unter 1,5 Grad bleiben soll, müssten sie wesentlich schneller reduziert werden.

Afrikas und Südamerikas zusammen produzieren weniger als 6 Prozent der Emissionen.

Um die Emissionen auf null zu reduzieren, müssten alle sie einstellen – nicht nur Amerikaner, Europäer und Chinesen, sondern auch Inder, Afrikaner und Südamerikaner. Aber von Ländern, die so gut wie nichts zu diesem Problem beigetragen haben, zu verlangen, dass sie den Kohlenstoffemissionen abschwören, weil andere Länder schon viel zu viele produziert haben, ist äußerst ungerecht. Zudem ist es geopolitisch unhaltbar. Aus diesem Grund basierten internationale Klimaschutzabkommen schon immer auf der Prämisse »gemeinsamer, aber differenzierter Verantwortlichkeiten«. Nach dem Pariser Klimaschutzabkommen sollen die entwickelten Länder »weiterhin die Führung übernehmen, indem sie sich zu absoluten gesamtwirtschaftlichen Emissionsreduktionszielen verpflichten«, während Entwicklungsländer lediglich »ihre Minderungsanstrengungen verstärken« sollen.[17]

Das alles macht Negativemissionen – zumindest als Idee – unwiderstehlich. In welchem Maße die Menschheit schon gegenwärtig darauf vertraut, zeigt der Bericht des Weltklimarats (Intergovernmental Panel on Climate Change, IPCC), der im Vorfeld der UN-Klimakonferenz in Paris veröffentlicht wurde. Bei seinem Zukunftsausblick arbeitet der Weltklimarat mit Computermodellen, die die Wirtschafts- und Energiesysteme der Welt in einem Gewirr von Gleichungen darstellen. Die Ergebnisse dieser Modelle werden dann in Zahlen übersetzt, die Klimaforscher für Vorhersagen nutzen können, wie stark die Temperaturen steigen werden. Für seinen Bericht zog der Weltklimarat tausend Szenarien in Betracht. Davon führten die meisten zu einem Temperaturanstieg, der über der offiziellen Katastrophenschwelle von zwei Grad Celsius lag, manche sogar zu einem Anstieg von mehr als fünf Grad Celsius. Lediglich 116 Szenarien waren geeignet, die Erderwärmung unter zwei Grad Celsius zu halten, und davon beinhalteten 101 Modelle Negativemissionen.[18] Nach der Pariser Klimakonferenz erstellte der Weltklimarat einen Sonderbericht auf der Grundlage der 1,5-Grad-Schwelle. Sämtliche Szenarien, die dieses Ziel erreichten, setzten auf Negativemissionen.[19]

»Ich glaube, was der IPCC eigentlich sagt, ist: ›Wir haben jede Menge Szenarien durchgespielt, und von denen, die im sicheren Bereich blieben, brauchte praktisch jedes die magische Wirkung von Negativemissionen«, sagte Klaus Lackner mir. »Wenn wir das nicht machen, rennen wir gegen eine Wand.‹«

Das Unternehmen Climeworks, das ich dafür bezahlte, meine Emissionen in Island zu vergraben, wurde von Christoph Gebald und Jan Wurzbacher gegründet, die seit ihrer Studienzeit befreundet waren. »Wir lernten uns am ersten Tag an der Universität kennen«, erinnerte sich Wurzbacher. »Ich glaube, wir fragten uns schon in der ersten Woche: ›He, was willst du machen?‹ Und ich antwortete: ›Na ja, ich will eine eigene Firma gründen.‹« Schließlich teilten die beiden sich ein Stipendium und jeder arbeitete die Hälfte

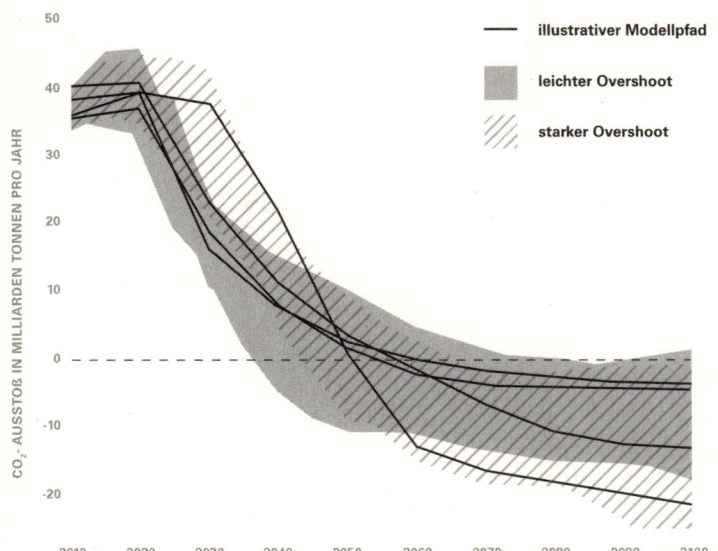

Vier der illustrativen Modellpfade des IPCC für eine Erderwärmung von 1,5 Grad. Alle erfordern Negativemissionen und führen zu einem »Overshoot«, also einer Überschreitung des Schwellenwerts.

der Zeit an seiner Doktorarbeit und die andere Hälfte am Aufbau ihrer Firma.

Anfangs stießen die beiden ebenso wie Klaus Lackner auf große Skepsis. Was sie versuchten, sei eine Ablenkung. Wenn die Leute glaubten, es gebe eine Möglichkeit, Kohlendioxid aus der Atmosphäre zu filtern, würden sie einfach mehr davon emittieren. »Die Leute bekämpften uns und sagten: ›Jungs, das solltet ihr nicht tun‹«, erzählte Wurzbacher mir. »Aber wir waren immer schon stur.«

Wurzbacher ist mittlerweile Mitte dreißig, gertenschlank und hat einen jungenhaften dunklen Haarschopf. Ich traf mich mit ihm im Climeworks-Firmensitz in Zürich, an dem sich sowohl die Verwaltung als auch die Metallwerkstatt befinden. Es hatte das Flair eines Tech-Start-ups und zugleich etwas von einem Fahrradladen.

»CO_2 aus einem Gasstrom zu holen ist kein Hexenwerk«, sagte Wurzbacher. »Es ist auch nicht neu. Leute haben seit fünfzig Jahren CO_2 aus Gasströmen gefiltert, nur für andere Anwendungen.« So muss auf U-Booten das Kohlendioxid, das die Besatzung ausatmet, aus der Luft geholt werden, weil sich sonst gefährliche Mengen davon ansammeln.

Es ist eine Sache, Kohlendioxid aus der Luft filtern zu können, aber etwas völlig anderes, dies in großem Maßstab zu tun. Die Verbrennung fossiler Brennstoffe erzeugt Energie. Kohlendioxid aus der Luft zu filtern erfordert Energie. Solange diese Energie aus fossilen Brennstoffen stammt, trägt diese Technologie zu dem Kohlendioxid bei, das aus der Luft geholt werden muss.

Eine zweite große Herausforderung ist die Entsorgung. Ist das Kohlendioxid erst einmal aus der Luft gefiltert, muss es irgendwo gelagert werden, und dieses Lager muss sicher sein. »Das Gute am Basaltgestein ist, dass es so einfach zu erklären ist«, stellte Wurzbacher fest. »Wenn jemand fragt: ›He, aber ist das wirklich sicher?‹, lautet die Antwort schlicht: Innerhalb von zwei Jahren wird es einen Kilometer unter der Erdoberfläche zu Stein. Punkt.« Geeignete unterirdische Lagerstätten sind zwar nicht selten, aber auch nicht weit verbreitet, daher müssten große CO_2-Abscheideanlagen, falls sie denn je gebaut würden, entweder an Orten mit geeigneten geologischen Voraussetzungen entstehen oder man müsste das Kohlendioxid über große Distanzen transportieren.

Als Letztes stellt sich die Frage der Kosten. Kohlendioxid aus der Luft zu filtern kostet Geld. Derzeit viel Geld. Climeworks berechnet 1000 US-Dollar, um eine Tonne Emissionen seiner Abonnenten in Stein zu verwandeln. Mit meinem Hinflug nach Reykjavík hatte ich mein Kontingent von 550 Kilogramm aufgebraucht, und so blieben meine restlichen Emissionen, einschließlich die meines Rückflugs und meines Flugs in die Schweiz, in der Luft.[20]

Wurzbacher versicherte mir, dass der Preis sinken würde, wenn mehr Abscheideanlagen gebaut würden. Nach seiner Einschätzung würde er innerhalb von zehn Jahren auf etwa 100 Dollar pro Tonne fallen. Würden Emissionen entsprechend besteuert, könnte die Rechnung aufgehen: Im Grunde könnte jede aus der Luft gefilterte Tonne Kohlendioxid von der Besteuerung befreit werden. Aber wer wird dieses Geld aufbringen, wenn Kohlenstoff nach wie vor kostenlos in der Luft entsorgt werden kann? Selbst bei einem Preis von 100 Dollar pro Tonne würden die Kosten für die Abscheidung und Speicherung von einer Milliarde Tonnen CO_2 – was nur einen kleinen Prozentsatz des weltweiten jährlichen Ausstoßes ausmacht – sich auf 100 Milliarden US-Dollar belaufen.[*]

»Vielleicht sind wir zu früh«, überlegte Wurzbacher, als ich ihn fragte, ob die Welt bereit sei, für die Kohlendioxidfilterung aus der Umgebungsluft zu zahlen. »Vielleicht kommen wir gerade richtig. Vielleicht kommen wir zu spät. Das weiß niemand.«

Ebenso wie es viele Möglichkeiten gibt, Kohlendioxid in die Atmosphäre auszustoßen, gibt es – potenziell – auch viele Möglichkeiten, es daraus zu entfernen.

Eine weitere Technik, die sogenannte beschleunigte Verwitterung, ist eine Art umgekehrte Version des Projekts, das ich mir im Kraftwerk Hellisheiði angesehen habe. Statt CO_2 in Tiefen-

---

[*] Es gibt zwei Möglichkeiten, die CO_2-Mengen zu berechnen: indem man entweder das Gewicht des Kohlendioxids oder nur das des Kohlenstoffs einbezieht. In diesem Kapitel verwende ich wie Climeworks generell das erstgenannte Maß, aber viele Fachpublikationen verwenden das zweite. Ich habe mich bemüht, zwischen beiden zu unterscheiden, indem ich von einer »Tonne Kohlendioxid« spreche, wenn ich das Gesamtgewicht meine, und von einer »Tonne Kohlenstoff«, wenn nur das des Kohlenstoffs gemeint ist. Eine Tonne Kohlendioxid entspricht etwa einer Vierteltonne Kohlenstoff; die weltweiten jährlichen Emissionen belaufen sich also auf etwa vierzig Milliarden Tonnen CO_2 oder zehn Milliarden Tonnen Kohlenstoff.

gestein zu pumpen, steht dahinter die Idee, das Gestein an die Oberfläche zu holen und mit dem Kohlendioxid in Kontakt zu bringen. So könnte man Basalt abbauen, zerkleinern und in feucht-heißen Regionen der Erde auf Ackerland verteilen. Der zerkleinerte Stein würde mit dem Kohlendioxid reagieren und es aus der Luft holen. Alternativ wurde vorgeschlagen, Olivin, ein grünliches Mineral, das verbreitet in Vulkangestein vorkommt, zu mahlen und im Meer aufzulösen. Das würde die Ozeane anregen, mehr Kohlendioxid zu absorbieren, und hätte den zusätzlichen Neben-effekt, ihrer Versauerung entgegenzuwirken.

Eine weitere Gruppe von Negativemissions-Technologien lässt sich von der Natur inspirieren. Pflanzen absorbieren Kohlendi-oxid, wenn sie wachsen, und geben es wieder an die Luft ab, wenn sie verrotten. Forstet man einen neuen Wald auf, so senkt er den Kohlenstoffgehalt der Luft, bis die Bäume ausgewachsen sind. Schweizer Forscher schätzten kürzlich in einer Studie, dass die An-pflanzung von einer Billion Bäumen in den folgenden Jahrzehnten 200 Milliarden Tonnen Kohlenstoff aus der Atmosphäre binden könnte.[21] Andere Wissenschaftler waren der Ansicht, diese Zahlen seien um den Faktor zehn oder mehr überzogen.[22] Aber auch sie bestätigten, dass die Fähigkeit neuer Wälder, Kohlenstoff zu bin-den, »immer noch beträchtlich« sei.[23]

Für das Verrottungsproblem hat man alle erdenklichen Kon-servierungsverfahren vorgeschlagen. Eine Idee ist, ausgewachsene Bäume zu fällen und in Gräben zu vergraben, da das Fehlen von Sauerstoff den Zersetzungsprozess – und damit die Freisetzung von CO_2 – verhindern würde.[24] Ein anderer Plan sieht vor, Pflan-zenreste wie Maisstängel zu sammeln und tief im Meer zu versen-ken; in der kalten, dunklen Tiefsee würden diese Abfälle nur sehr langsam oder gar nicht verrotten.[25] So seltsam solche Ideen auch klingen mögen, sind auch sie von der Natur inspiriert. Im Karbon wurden riesige Mengen pflanzlichen Materials überflutet und un-ter Erdschichten begraben. Daraus entstand letztlich Kohle, die, wenn man sie im Boden gelassen hätte, den in ihr enthaltenen Kohlenstoff mehr oder weniger für immer gebunden hätte.

Kombiniert man Aufforstung mit unterirdischer CO_2-Injektion, so ergibt das eine Technologie, die Bioenergie mit CO_2-Abscheidung und -Speicherung verbindet (»bioenergy with carbon capture and storage«, kurz BECCS). Die vom Weltklimarat verwendeten Modelle sind äußerst eingenommen von diesen Verfahren, die zugleich Negativemissionen und Stromproduktion ermöglichen – ein Arrangement, das alle Vorzüge gleichzeitig bietet und unter dem Aspekt von Klimaberechnungen kaum zu schlagen ist.

Hinter diesen BECCS-Technologien steht die Idee, Bäume (oder andere Pflanzen) anzubauen, die Kohlenstoff aus der Luft absorbieren können. Anschließend verbrennt man sie, produziert dadurch Strom, scheidet das freigesetzte Kohlendioxid im Rauchfang ab und speichert es unterirdisch. (Das erste derartige Pilotprojekt wurde 2019 in einem Kraftwerk in Nordengland, das mit Holzpellets arbeitet, in Betrieb genommen.)

Bei all diesen Alternativen bleibt die Herausforderung dieselbe wie bei der CO_2-Abscheidung aus der Umgebungsluft: die Größenordnung. Ning Zeng, Professor an der University of Maryland und Autor des Konzepts der »Holzernte und Speicherung«, hat errechnet, dass man für die Speicherung von fünf Milliarden Tonnen Kohlenstoff im Jahr zehn Millionen Gräben von der Größe eines Olympiaschwimmbeckens bräuchte, um Bäume zu vergaben. »Angenommen, ein Trupp von zehn Leuten (mit Maschinen) braucht eine Woche, um einen Graben auszuheben, dann sind 200000 Trupps (zwei Millionen Arbeiter) mit Maschinen erforderlich«, schrieb er.[26]

Laut der Studie eines deutschen Wissenschaftlerteams müsste man etwa drei Milliarden Tonnen Basalt abbauen, zerkleinern und bewegen, um eine Milliarde Tonnen Kohlendioxid durch »beschleunigte Verwitterung« zu binden. Das sei zwar »eine sehr große Menge« an Gestein, die man fördern, mahlen und transportieren müsse, aber es sei weniger als die weltweite Kohleförderung, die sich auf etwa acht Milliarden Tonnen jährlich beliefe, schrieben die Autoren.[27]

Für das Billionen-Bäume-Projekt müssten Flächen in der Größenordnung von neun Millionen Quadratkilometern aufgeforstet werden. Das ist eine Waldfläche von der Größe der Vereinigten Staaten, einschließlich Alaska. So viel Ackerflächen aus der landwirtschaftlichen Produktion zu nehmen könnte zum Hungertod von Millionen Menschen führen. Professor Olúfẹ́mi O. Táíwò von der Georgetown University warnte kürzlich vor der Gefahr, dass wir »mit jedem Gigatonnenschritt vorwärts zwei Schritte rückwärts in der Gerechtigkeit« machen.[28] Allerdings ist keineswegs klar, dass die Nutzung unkultivierter Landflächen sicherer wäre. Bäume sind dunkler. Wenn wir beispielsweise die Tundra aufforsten würden, würde es die von der Erde absorbierte Energiemenge erhöhen, damit zur Erderwärmung beitragen und den angestrebten Zweck verfehlen. Eine Möglichkeit, dieses Problem zu umgehen, wäre, mit der CRISPR-Technologie genmodifizierte hellere Bäume zu schaffen. Soweit ich weiß, hat das bisher niemand vorgeschlagen, doch das scheint nur eine Frage der Zeit zu sein.

Zwei Jahre bevor Climeworks sein »Pionierprogramm« in Island begann, nahm die Firma ihre erste Direct-air-capture-Anlage auf einer Müllverbrennungsanlage in der Schweiz in Betrieb. »Climeworks schreibt Geschichte«, verkündete das Unternehmen.

Als ich in Zürich war, besuchte ich an einem Nachmittag den »geschichteschreibenden« Betrieb mit Climeworks' Managerin für Kommunikation, Louise Charles. Wir fuhren zunächst mit dem Zug, anschließend mit dem Bus nach Hinwil, gut dreißig Kilometer südöstlich der Stadt. Als wir die Einfahrt zu der Müllverbrennungsanlage, einem riesigen Kasten mit einem Schornstein in Zuckerstangenstreifen, hinaufgingen, rollte ein voll beladener Müll-

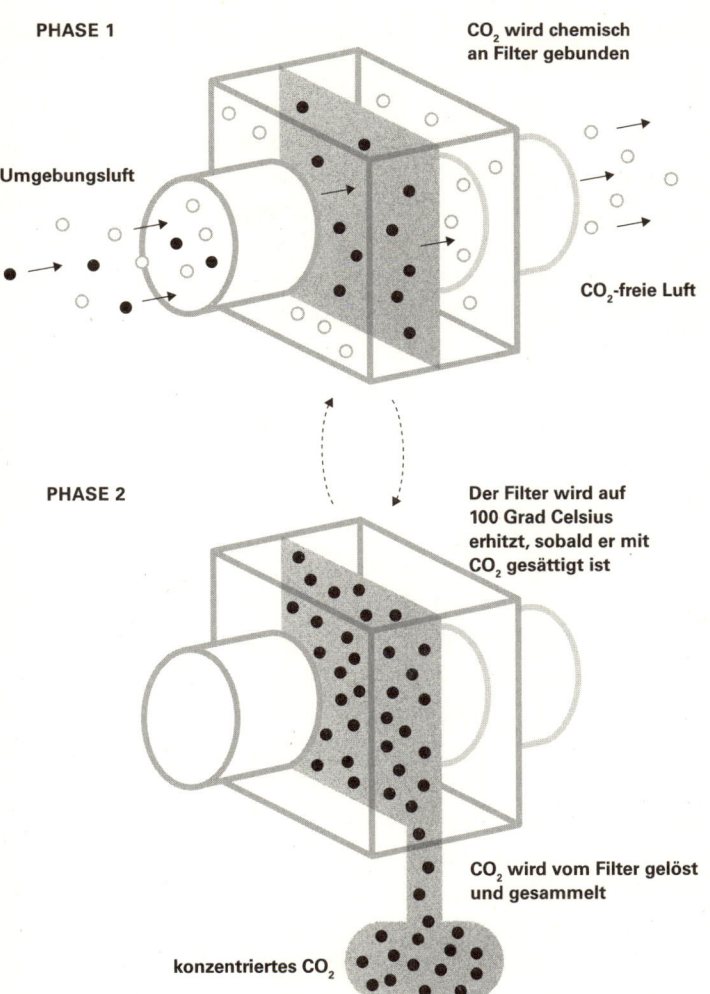

PHASE 1

CO$_2$ wird chemisch
an Filter gebunden

Umgebungsluft

CO$_2$-freie Luft

PHASE 2

Der Filter wird auf
100 Grad Celsius
erhitzt, sobald er mit
CO$_2$ gesättigt ist

CO$_2$ wird vom Filter gelöst
und gesammelt

konzentriertes CO$_2$

*Climeworks Kohlendioxid-Abscheider arbeitet mit einem
Zweistufen-Verfahren.*

wagen an uns vorbei. In der Eingangshalle blieben wir stehen und bewunderten einige Kunstwerke, die aus Abfällen gemacht waren. Einige Männer saßen vor Monitoren, auf denen weiterer Müll zu sehen war. Wir trugen uns ins Besucherbuch ein und fuhren mit dem Aufzug ins oberste Stockwerk.

Auf dem Dach der Müllverbrennungsanlage waren 18 CO_2-Abscheider installiert, wie ich sie im Kraftwerk Hellisheiði gesehen hatte. Sie standen in drei Reihen übereinandergestapelt wie Bauklötze. Ein Metallschild erklärte für Schulklassen, die diese Anlage besuchten, die Funktionsweise der Climeworks-Einheiten in Bildern. Sie zeigten einen Müllwagen vor der Verbrennungsanlage, die mit kleinen Flammen im Inneren dargestellt war. Ein Rohr, beschriftet mit »Abwärme«, führte von den Flammen zu den Abscheideeinheiten. (Da Climeworks die Abwärme der Verbrennungsanlage nutzt, kann das Unternehmen der Falle entgehen, dass Emissionen nötig sind, um Emissionen einzufangen.) Ein zweites Rohr mit der Aufschrift »konzentriertes CO_2« führte von den Einheiten zu einem Treibhaus voller Gemüsepflanzen.

Vom Dach aus sah ich in der Ferne die tatsächlichen Treibhäuser, in die das Kohlendioxid geleitet wurde. Charles hatte auch dort eine Besichtigung für uns arrangiert, aber da sie erst kürzlich eine Knieoperation hinter sich gebracht hatte und mühsam humpelte, ging ich allein hinüber. Am Eingang empfing mich der Leiter des Komplexes, Paul Ruser. Ohne Charles als Dolmetscherin mussten wir uns in einer Mischung aus Englisch und Deutsch verständigen.

Ruser erzählte mir – zumindest glaube ich es –, dass die Treibhäuser sich über viereinhalb Hektar erstreckten: eine ganze Farm unter Glas. Draußen herrschte Pulloverwetter, drinnen war es sommerlich warm. Hummeln, die man in Kisten hergebracht hatte, brummten taumelnd herum. Aus kleinen Pflanzerdequadern wuchsen 3,50 Meter hohe Gurkenranken. In Kisten türmten sich die gerade gepflückten Snack-Gurken. Ruser deutete auf eine schwarze Kunststoffrohrleitung am Boden und erklärte, darin strömme das Kohlendioxid aus den Climeworks-Anlagen.

»Alle Pflanzen brauchen Kohlendioxid«, stellte Ruser fest. »Und wenn man ihnen mehr davon gibt, werden sie kräftiger.« Auberginen gediehen mit viel Kohlendioxid besonders gut, erklärte er, für sie könnte er den Anteil auf 1000 Teile pro Million erhöhen – also auf mehr als das doppelte Niveau in der Umgebungsluft. Allerdings müsse er vorsichtig sein. Da er Climeworks das eingeleitete Kohlendioxid bezahle, müsse er dafür sorgen, dass jedes Molekül zähle: »Ich muss das Niveau austüfteln, das profitabel ist.«

Kohlendioxidentnahme aus der Atmosphäre mag wichtig sein und ist schon jetzt in die Berechnungen des Weltklimarates eingeflossen. Gegenwärtig ist sie jedoch nicht wirtschaftlich umsetzbar. Wie baut man eine 100-Milliarden-Dollar-Industrie für ein Produkt auf, das niemand kaufen will? Die Auberginen und Snack-Gurken stellten zugegebenermaßen eine Notlösung dar. Indem Climeworks den Treibhäusern Kohlendioxid verkaufte, generierte das Unternehmen laufende Einnahmen als Sicherheit für seine Abscheideanlagen. Der Haken ist, dass der Kohlenstoff nur für kurze Zeit gebunden wird. Sobald jemand die Snack-Gurken verzehrt, wird das CO_2, das sie während ihres Wachstums gebunden haben, wieder freigesetzt.

Aus weiteren Pflanzerdequadern wuchsen Kirschtomatenpflanzen in Spiralstützen bis an die Decke. Die in ein oder zwei Tagen erntereifen Tomaten waren so perfekt, wie man es von Treibhauserzeugnissen erwarten konnte. Ruser pflückte zwei und reichte sie mir. Der brennende Müll, die hektarweisen Glasflächen, die Kisten mit Hummeln, die mit Chemikalien und Kohlendioxid gezüchteten Pflanzen – war das alles ungemein cool oder völlig verrückt? Ich zögerte kurz und schob mir dann die Tomaten in den Mund.

Der Vulkanexplosivitätsindex (Volcanic Explosivity Index, VEI) wurde in den achtziger Jahren als eine Art Verwandter der Richterskala entwickelt. Er reicht von Stufe null, einem leichten, harmlosen Ausbruch, bis zu Stufe acht, einer »megakolossalen«, epochemachenden Katastrophe. Der VEI ist wie sein bekannterer Verwandter logarithmisch aufgebaut, so hat beispielsweise eine Eruption die Stärke vier, wenn sie mehr als 100 Millionen Kubikmeter Material auswirft, und die Stärke fünf, wenn sie mehr als eine Milliarde Kubikmeter Gestein auswirft. In der schriftlich dokumentierten Geschichte gab es lediglich eine Handvoll Vulkanausbrüche der Stärke sieben (100 Milliarden Kubikmeter ausgeworfenes Gestein) und keine Eruption der Stärke acht. Unter den Ausbrüchen der Stärke sieben ist der letzte – und daher am besten dokumentierte – die Eruption des Tambora auf der indonesischen Insel Sumbawa.

Der Tambora gab seine ersten Warnschüsse am Abend des 5. April 1815 ab. In der ganzen Region berichteten Menschen, sie hätten laute Knallgeräusche gehört, die sie Kanonenschüssen zuschrieben. Fünf Tage später spie der Vulkan eine Rauch- und Lavasäule, die eine Höhe von vierzig Kilometern erreichte.[1] 10 000 Menschen wurden mehr oder weniger auf der Stelle getötet – zu Asche verbrannt durch die Wolken geschmolzenen Gesteins und ätzenden Rauchs, der an den Hängen herunterraste.[2] Ein Überlebender berichtete von »einer flüssigen Feuermasse, die sich in alle Richtungen ausbreitete«.[3] Es wurde so viel Staub in die Luft gewirbelt, dass der Tag sich angeblich in Nacht verwandelte. Ein britischer Kapitän, dessen Schiff 400 Kilometer nördlich des Tambora ankerte, schilderte: »Es war unmöglich, die eigene Hand zu sehen, wenn

Die Eruption des Tambora hinterließ einen riesigen Krater.

man sie dicht vor die Augen hielt.«[4] Die Felder auf Sumbawa und der Nachbarinsel Lombok wurden unter dem Ascheregen begraben, so dass weitere Zigtausende Menschen verhungerten.

Diese Todesopfer waren erst der Anfang. Zusammen mit der Asche stieß der Tambora 100 Millionen Tonnen Gas und Feinstaub aus, die jahrelang in der Atmosphäre blieben und mit den Stratosphärenwinden um die ganze Welt trieben.[5] Der eigentliche Dunstschleier war unsichtbar, seine Auswirkungen jedoch nicht. In Europa tauchte der Sonnenuntergang den Himmel in eine gespenstische blaurote Glut, ein Effekt, den viele Beobachter in ihren Tagebüchern verzeichneten und Maler wie Caspar David Friedrich und William Turner in ihren Werken festhielten.

Das Wetter in Europa wurde trüb und kalt. Im Juni 1816 mietete Lord Byron eine Villa am Genfer See, die er sich in dem wohl berühmtesten gemeinsamen Sommeraufenthalt der Welt mit Percy und Mary Shelley teilte. Da der ständige Regen in diesem Sommer sie im Haus hielt, beschlossen sie, Schauergeschichten zu schreiben, und so entstand *Frankenstein*. In diesem Sommer verfasste Byron sein Gedicht »Finsternis«, in dem es heißt:

Der Morgen kam, gieng, kam – es ward nicht Tag,
Daß seiner Leidenschaft vergaß der Mensch
Im Schauer der Verlassenheit; um Licht
In banger Selbstsucht flehte jedes Herz[6]

Das schlechte Wetter brachte von Irland bis Italien Missernten. Von einer Reise durch die Rheinlande berichtete der preußische Militärtheoretiker Carl von Clausewitz: »Verfallene Gestalten, Menschen kaum ähnlich, sah er auf den Feldern umherschleichen, um aus den nicht geernteten, unreif gebliebenen und nun schon halb verfaulten Kartoffeln sich Nahrung zu suchen.«[7] In der Schweiz plünderten hungrige Massen Bäckereien; in England kam es zu Zusammenstößen zwischen der Polizei und Demonstranten, die Banner mit der Aufschrift »Brot oder Blut« trugen.[8]

Wie viele Menschen verhungerten, ist nicht bekannt; nach manchen Schätzungen ging ihre Zahl in die Millionen.[9] Der Hunger ließ viele Europäer in die Vereinigten Staaten auswandern, aber jenseits des Atlantiks war die Lage, wie sich herausstellte, nicht viel besser. In New England nannte man 1816 »das Jahr ohne Sommer« oder »achtzehnhundert-zu-Tode-gefroren«. Mitte Juni war es in Zentralvermont so kalt, dass sich an den Traufen fußlange Eiszapfen bildeten. »Das Antlitz der Natur scheint in eine todesgleiche Finsternis gehüllt zu sein«, schrieb der *Vermont Mirror*.[10] Am 8. Juli drang der Frost nach Süden bis nach Richmond, Virginia, vor. Chester Dewey, ein Professor am Williams College in Williamstown, Massachusetts, wo ich lebe, verzeichnete, dass am 22. August Frost die Gurkenernte vernichtete.[11] Am 29. August ließ noch stärkerer Frost den größten Teil der Maispflanzen erfrieren.

»Ein Vulkan schickt Schwefeldioxid in die Stratosphäre«, sagte Frank Keutsch. »Und das oxidiert innerhalb von Wochen zu Schwefelsäure.«

»Schwefelsäure ist ein sehr beständiges Molekül«, erklärte er weiter. »Und sie bildet feine Partikel – konzentrierte Schwefelsäuretropfen –, die in der Regel kleiner als ein Mikron sind. Diese Aerosole bleiben einige Jahre lang in der Stratosphäre. Und sie streuen das Sonnenlicht zurück ins All.« Das Ergebnis sind niedrigere Temperaturen, fantastische Sonnenuntergänge und gelegentliche Hungersnöte.

Keutsch ist kräftig, hat fransiges dunkles Haar und spricht Englisch mit singendem deutschem Akzent. (Er wuchs in der Nähe von Stuttgart auf.) An einem herrlichen Spätwintertag besuchte ich ihn in seinem Büro in Cambridge, das mit Fotos seiner Kinder und mit von ihnen gemalten Bildern dekoriert ist. Keutsch, ein Chemiker, gehört zu den führenden Wissenschaftlern in Harvards Solar Geoengineering Research Program, einem Forschungsprojekt, das teils von Bill Gates finanziert wird.

Hinter dem Solar-Geoengineering oder »Solar Radiation Management« (Sonnenstrahlungsmanagement), wie es zuweilen auch genannt wird, steht der Grundgedanke: Wenn Vulkane die Erde abkühlen lassen können, kann der Mensch das ebenfalls. Bringt man Unmengen reflektierender Partikel in die Stratosphäre, so erreicht weniger Sonnenlicht die Erde. Die Temperaturen steigen nicht weiter – oder zumindest nicht so stark –, und die Katastrophe wird abgewendet.

Selbst im Zeitalter von Flüssen mit elektrischen Fischsperren und genmodifizierten Nagetieren ist Solar-Geoengineering umstritten. Manche bezeichnen es als »unglaublich gefährlich«,[12] als »breiten Highway zur Hölle«[13] und als »unvorstellbar drastisch«,[14] aber auch als »unausweichlich«.[15]

»Ich fand die Idee völlig verrückt und ziemlich beunruhigend«, erzählte mir Keutsch. Was ihn veranlasste, seine Meinung zu ändern, war Furcht.

»Worüber ich mir Sorgen mache, ist, dass Leute in zehn oder 15 Jahren auf die Straße gehen und von den Entscheidungsträgern verlangen könnten: ›Ihr müsst sofort etwas unternehmen!‹«, sagte er. »Wir haben dieses integrierte CO_2-Problem, gegen das sich auf die Schnelle nichts machen lässt. Wenn es also Druck von der Öffentlichkeit gibt, schnell etwas zu tun, habe ich die Sorge, dass keine anderen Instrumente als ein Geoengineering der Stratosphäre zur Verfügung stehen. Und wenn wir an diesem Punkt erst mit der Forschung beginnen, fürchte ich, dass es zu spät ist, denn beim Stratosphären-Geoengineering greift man in ein äußerst komplexes System ein. Ich muss hinzufügen, dass es eine Reihe von Leuten gibt, die damit nicht einverstanden sind.«

»Als ich damit anfing, war ich seltsamerweise darüber nicht so beunruhigt«, stellte er nach einer Weile fest. »Denn die Vorstellung, dass Geoengineering tatsächlich praktiziert würde, erschien damals ziemlich fern. Aber im Laufe der Jahre, in denen ich unser mangelndes Handeln zum Klima beobachte, habe ich manchmal große Sorgen, dass es tatsächlich passieren könnte. Und das macht mir ziemlich viel Druck.«

Man kann sich die Stratosphäre als eine Art Balkon der Erde vorstellen. Sie liegt über der Troposphäre, in der sich Wolken bilden, Passatwinde wehen und Hurrikans toben, und unter der Mesosphäre, in der Meteore verglühen. Die Höhe der Stratosphäre variiert je nach Jahreszeit und Ort; grob gesagt beginnt die Stratosphäre am Äquator etwa 18 Kilometer über der Erdoberfläche und an den Polen wesentlich tiefer – etwa zehn Kilometer über der Erdoberfläche. Unter dem Aspekt des Geoengineering ist das Entscheidende an der Stratosphäre, dass sie stabil – wesentlich stabiler als die Troposphäre – und einigermaßen gut zugänglich ist. Zivile Flugzeuge fliegen häufig in der unteren Stratosphäre, um Turbulenzen aus dem Weg zu gehen, und Aufklärungsflugzeuge fliegen in der mittleren Stratosphäre, um Boden-Luft-Raketen auszuweichen. Materialien, die man in den Tropen in die Stratosphäre einbringt, treiben tendenziell in Richtung der Pole und sinken nach einigen Jahren wieder auf die Erde.

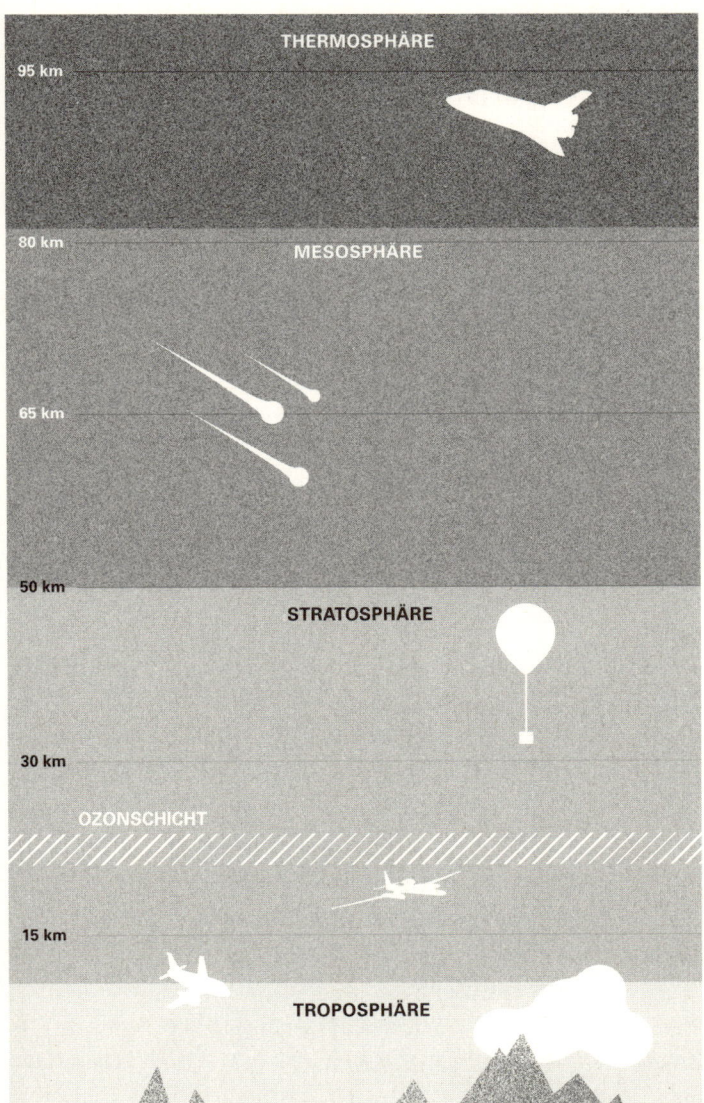

THERMOSPHÄRE

95 km

80 km

MESOSPHÄRE

65 km

50 km

STRATOSPHÄRE

30 km

OZONSCHICHT

15 km

TROPOSPHÄRE

Da Solar-Geoengineering das Ziel verfolgt, die Sonneneinstrahlung zu reduzieren, die auf die Erdoberfläche gelangt, würden im Grunde reflektierende Partikel aller Art diesen Zweck erfüllen. »Das bestmögliche Material sind vermutlich Diamanten«, sagte mir Keutsch. »Diamanten absorbieren keine Energie. Daher würden sie die Veränderung in der Dynamik der Stratosphäre auf ein Minimum reduzieren. Außerdem sind Diamanten extrem reaktionsträge. Der Gedanke, dass das teuer ist – das ist mir egal. Wenn wir das in großem Maßstab umsetzen müssten, weil es ein großes Problem löst, würden wir einen Weg finden.« Winzige Diamanten in die Stratosphäre zu schießen hatte für mich etwas Märchenhaftes, als würden wir Feenstaub auf die Welt rieseln lassen.

»Aber eines, woran wir denken müssen, ist, dass all das Material wieder herunterkommt«, mahnte Keutsch. »Heißt das, dass Menschen diese kleinen Diamantpartikel einatmen werden? Höchstwahrscheinlich wäre die Menge so gering, dass es kein Problem wäre. Aber irgendwie gefällt mir die Vorstellung nicht.«

Eine andere Option ist, es genauso zu machen wie die Vulkane und Schwefeldioxid zu versprühen. Aber auch das hat Nachteile. Die Stratosphäre mit Schwefeldioxid zu befrachten, würde zu saurem Regen beitragen. Vor allem aber würde es die Ozonschicht schädigen. Nach dem Ausbruch des Pinatubo auf den Philippinen 1991 kam es weltweit zu einem kurzen Temperaturabfall von etwa 0,5 Grad Celsius.[16] In den Tropen sank der Ozongehalt in der unteren Stratosphäre um bis zu einem Drittel.[17]

»Das ist vielleicht keine gute Formulierung, aber das ist das Übel, das wir kennen«, sagte Keutsch.

Von allen Substanzen, die sich für diese Zwecke einsetzen ließen, weckte Calciumcarbonat bei Keutsch noch am ehesten eine gewisse Begeisterung. In der einen oder anderen Form kommt Calciumcarbonat überall vor – in Korallenriffen, Basaltporen und im Schlamm am Meeresgrund. Es ist der Hauptbestandteil von Kalkstein, der zu den am weitesten verbreiteten Sedimentgesteinen der Erde gehört.

»In der Troposphäre, in der wir leben, wehen riesige Mengen Kalksteinstaub herum«, stellte Keutsch fest. »Das macht es attraktiv.«

»Es hat nahezu ideale Eigenschaften«, führte er weiter aus. »Es löst sich in Säure. Daher kann ich mit Sicherheit sagen, dass es nicht die gleiche ozonschichtschädigende Wirkung hat wie Schwefelsäure.«

Mathematische Modelle belegen laut Keutsch die Vorzüge des Minerals. Aber bis jemand tatsächlich Calciumcarbonat in der Stratosphäre ausbringt, ist schwer abzuschätzen, wie zuverlässig diese Modelle sind. »Es gibt keinen anderen Weg«, versicherte er.

Der erste staatliche Bericht zur Erderwärmung – die man damals allerdings noch nicht so nannte – wurde 1965 dem US-Präsidenten Lyndon B. Johnson vorgelegt. »Der Mensch führt gerade unwillentlich ein riesiges geophysisches Experiment durch«, hieß es darin. Das Verbrennen fossiler Brennstoffe werde nahezu mit Sicherheit zu »signifikanten Veränderungen der Temperatur« führen, die wiederum weitere Veränderungen nach sich ziehen würden.[18]

»Das Abschmelzen des antarktischen Eisschilds würde den Meeresspiegel um 120 Meter steigen lassen«, stellte der Bericht fest. Selbst wenn dieser Prozess sich über 1000 Jahre hinziehen sollte, würden die Meere »alle zehn Jahre um 1,20 Meter« oder »zwölf Meter pro Jahrhundert« ansteigen.[19]

In den sechziger Jahren nahmen die Kohlenstoffemissionen rapide zu – um etwa fünf Prozent pro Jahr. Und dennoch war in dem Bericht nicht die Rede davon, diese Steigerung umzukehren oder auch nur zu verlangsamen. Vielmehr riet er, »die Möglichkeiten, ausgleichende Klimaveränderungen herbeizuführen [...], eingehend zu erforschen«. Eine solche Möglichkeit sei, »sehr kleine reflektierende Partikel über weiten Meeresgebieten auszustreuen«.

Weiter hieß es in dem Bericht: »Grobe Schätzungen deuten darauf hin, dass sich genügend Partikel, um eine Fläche von 2,5 Qua-

dratkilometern abzudecken, für unter 100 Dollar produzieren ließen. So könnte man für etwa 500 Millionen Dollar [nach heutigem Wert ca. vier Milliarden Dollar] pro Jahr eine einprozentige
Veränderung der Reflektivität erreichen.« Seine Schlussfolgerung
lautete, in Anbetracht »der außerordentlichen wirtschaftlichen
und menschlichen Bedeutung des Klimas erscheinen Kosten in
dieser Größenordnung keineswegs als überzogen«.[20]

Da keiner der Autoren dieses Berichts heute noch lebt, lässt sich
nicht in Erfahrung bringen, warum die Kommission geradewegs
zu der Option überging, für mehrere Millionen Dollar reflektierende Partikel abzuwerfen. Vielleicht lag es schlicht am Zeitgeist.
In den sechziger Jahren waren Vorschläge zur Klima- und Wetter-
kontrolle in den Vereinigten Staaten wie auch in der Sowjetunion
sehr in Mode. So zielte ein gemeinsames Vorhaben der U.S. Navy
und des U.S. Weather Bureau, Project Stormfury, auf Hurrikans.
Man glaubte, sie ließen sich abschwächen, indem Flugzeuge die
Wolken im Umfeld des Augenwalls mit Silberjodid besprühten.[21]
Während des Vietnamkriegs versuchte die U.S. Air Force mit
einem geheimen Plan zur Wettermanipulation, Operation Popeye,
für mehr Regenfälle über dem Ho-Chi-Minh-Pfad zu sorgen, indem sie die Wolken mit Silberjodid besprühte. Das 54th Weather
Reconnaissance Squadron flog erstaunliche 2600 solcher Sprüh-
einsätze, bevor die Operation Popeye in der *Washington Post* publik gemacht und das Projekt eingestellt wurde.[22] (In einem ähn-
lichen Programm – Operation Commando Lava – warf das US-
Militär einen Chemikalienmix über dem Ho-Chi-Minh-Pfad ab,
um den Boden zu destabilisieren.) Weitere Pläne zur Klimamodifizierung, die auf Staatskosten betrieben wurden, zielten darauf ab,
Blitzeinschläge zu reduzieren und Hagelschauer zu verhindern.[23]

Die sowjetischen Pläne waren, je nach Blickwinkel, noch weit-
blickender oder noch verrückter. In einem Buch mit dem Titel
»Kann der Mensch das Klima verändern?« schlug der Ingenieur Petr
Borisov vor, die arktische Eiskappe zu schmelzen, indem man ei-

Ребята услышали голос диктора: „А вот плотина
через Берингов пролив. По ней — видите? — мчатся
атомные поезда. Плотина преградила путь холодно-
му течению из Ледовитого океана, и климат Даль-
него Востока улучшился.

Eine Darstellung des von Petr Borisov vorgeschlagenen Damms
durch die Beringstraße.

nen Damm durch die Beringstraße baute. Auf die eine oder andere
Weise könnte man dann Hunderte Kubikkilometer kaltes Wasser
aus dem Nordpolarmeer in die Beringsee pumpen, was wiederum
wärmeres Wasser aus dem Nordatlantik nachfließen lassen würde
und so nach Borisovs Berechnungen mildere Winter nicht nur in
den Polarregionen, sondern auch in den mittleren Breitengraden
zur Folge hätte.

»Was die Menschheit braucht, ist ein Krieg gegen die Kälte, statt
eines ›Kalten Krieges‹«, erklärte Borisov.[24]

Ein anderer sowjetischer Wissenschaftler, Mikhail Gorodsky,
empfahl, ein Band aus Kaliumpartikeln um die Erde zu legen in
der Art der Ringe des Saturns. Dieses Band sollte so positioniert
sein, dass es im Sommer Sonnenlicht reflektierte. Nach Gorodskys
Ansicht würde es im hohen Norden für wesentlich wärmere Win-

ter sorgen und zudem die Permafrostregionen der Welt auftauen lassen, was er begrüßte.[25] Ein Überblick über diese und weitere sowjetische Vorschläge, der von einem Moskauer Verlag namens Peace Publishers unter dem Titel *Man versus Climate* in englischer Übersetzung herausgebracht wurde, endete mit der Aussage: »Jahr für Jahr wird man neue Projekte zur Umwandlung der Natur vorschlagen. Sie werden großartiger und spannender sein, denn der menschliche Einfallsreichtum kennt ebenso wie das menschliche Wissen keine Grenzen.«[26]

In den siebziger Jahren fiel die Klimamanipulation in Ungnade. Wieder einmal ist schwer zu sagen, warum das so war. Vermutlich hatten Umweltbedenken der Öffentlichkeit ebenso viel damit zu tun wie der wachsende wissenschaftliche Konsens, dass die Wolkenimpfung ein Fehlschlag war.[27] Unterdessen mehrten sich die mahnenden Berichte auf Englisch wie auch auf Russisch, dass der Mensch das Klima bereits in beträchtlichem Maße veränderte.

Michail Budyko, ein prominenter Wissenschaftler am Geophysikalischen Hauptobservatorium Leningrad, veröffentlichte 1974 das Buch *Climatic Changes*, in dem er die Gefahren steigender CO_2-Niveaus darlegte, aber die Ansicht vertrat, ihr Anstieg sei unausweichlich: Die einzige Möglichkeit, die Emissionen in Grenzen zu halten, sei, die Nutzung fossiler Brennstoffe zu senken, und das würde wahrscheinlich kein Land tun.

Nach dieser Logik kam Budyko auf die Idee »künstlicher Vulkane«. Flugzeuge oder »Raketen und unterschiedliche Arten von Flugkörpern« könnten Schwefeldioxid in die Stratosphäre sprühen.[28] Budyko hatte nicht die Absicht, die Natur zu verbessern, wie Project Stormfury oder der Damm durch die Beringstraße es anstrebten. Vielmehr dachte er revanchistischer wie in dem Ausspruch aus Giuseppe Tomasi di Lampedusas Roman *Der Leopard*: »Wenn wir wollen, dass alles so bleibt, wie es ist, muss alles sich ändern.«[29]

»In naher Zukunft wird eine Klimamodifizierung notwendig

werden, um die gegenwärtigen klimatischen Bedingungen zu erhalten«, schrieb Budyko.[30]

David Keith, Professor für angewandte Physik an der Harvard University, wurde als der »wohl führende Verfechter des Geoengineering« bezeichnet, eine Darstellung, auf die er gereizt reagiert.[31] »Ich bin ein Verfechter der Realität«, schrieb er 2015 in einem Brief an den Herausgeber der *New York Times*.[32] Keith gründete 2017 das Solar Geoengineering Research Program der Universität und bekommt regelmäßig Hassmails. Zwei Mal erhielt er Todesdrohungen, die besorgniserregend genug waren, um die Polizei zu benachrichtigen. Sein Büro ist nicht weit von dem Keutschs entfernt in einem Gebäude, das The Link heißt.

»Solar-Geoengineering ist nichts, was sich abstrakt erforschen ließe«, erklärte er mir, als ich ihn einige Tage nach meinem Gespräch mit Keutsch besuchte. »Es hängt von menschlichen Entscheidungen ab, wie wir es einsetzen. Wenn also jemand erklärt, Solar-Geoengineering gefährde Millionen oder rette die Welt oder was auch immer, dann sollten Sie immer fragen: ›Welches Solar-Geoengineering? Wie wird es gemacht?‹«

Keith ist groß, kantig, trägt einen an Lincoln erinnernden Bart, ist begeisterter Bergsteiger und bezeichnet sich als »Tüftler«, »technophil« und »skurrilen Umweltschützer«.[33] Er wuchs in Kanada auf und lehrte etwa zehn Jahre lang an der University of Calgary. Während er dort arbeitete, gründete er die Firma Carbon Engineering, die in Konkurrenz zu Climeworks die Kohlendioxidabscheidung aus der Umgebungsluft vorantreibt. (Carbon Engineering betreibt ein Pilotprojekt in British Columbia, das ich einmal besucht habe; von dort hat man eine spektakuläre Aussicht auf den Mount Garibaldi, einen schlafenden, 2700 Meter hohen Vulkan.) Mittlerweile pendelt er zwischen Cambridge und Canmore, einer Kleinstadt in den kanadischen Rocky Mountains.

Keith ist überzeugt, dass die Welt ihre Kohlenstoffemissionen

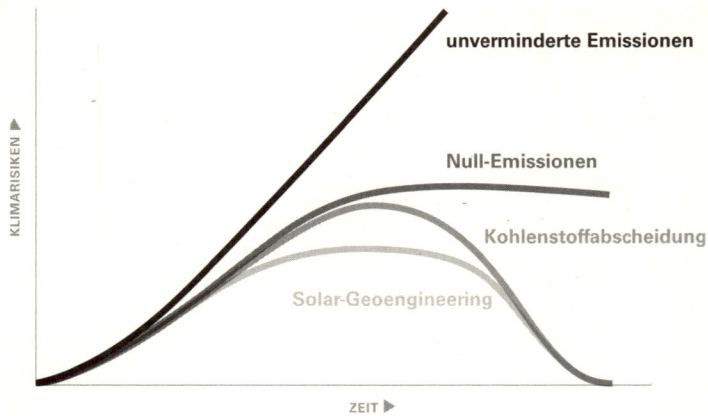

Solar-Geoengineering ließe sich einsetzen, um den Risiken des Klimawandels »die Spitze zu nehmen«.

letzten Endes senken wird, vielleicht nicht ganz auf null, aber doch bis nahe an diesen Punkt. Zudem glaubt er, dass die Technologien zur Kohlenstoffabscheidung sich schließlich in einer Größenordnung anwenden lassen werden, die es ermöglicht, mit dem Rest fertigzuwerden. Doch all das wird – höchstwahrscheinlich – nicht reichen. In der »Overshoot«-Phase werden sehr viele Menschen leiden und Veränderungen eintreten, die im Grunde unumkehrbar sind wie das Absterben der Korallenriffe.

Seiner Ansicht nach wäre das beste Vorgehen, alles zu versuchen: die Emissionen zu senken, an der Kohlenstoffabscheidung zu arbeiten und sich wesentlich ernsthafter mit Geoengineering zu befassen. Aufgrund von Computermodellen schlägt er als sicherste Option vor, genügend Aerosole in die Atmosphäre zu bringen, um die Erderwärmung zu halbieren, statt ihr vollständig entgegenzuwirken – was man als »Semi-Engineering« bezeichnen könnte.

»Wenn man nicht versuchen würde, die Temperaturen auf das vorindustrielle Niveau zurückzubringen, dann belegen eigentlich alle Klimamodelle, dass die meisten der großen Klimagefahren, die der Mensch kennt – extreme Niederschläge, extreme Temperaturen, Veränderungen in der Verfügbarkeit von Wasser, Anstieg des Meeresspiegels – [durch Geoengineering] reduziert werden«, erklärte Keith mir. Das gelte »im Grunde überall insofern, als es keine offenkundigen Regionen gibt, die schlechter abschneiden. Ich finde, das Ergebnis ist wirklich erstaunlich.«

Ich fragte Keith nach dem moralischen Risiko (*moral hazard*), wie manche es nennen. Wenn Menschen glauben, Geoengineering werde die schlimmsten Auswirkungen des Klimawandels abwenden, würde das nicht ihre Motivation zur Emissionsreduzierung verringern? Er bestätigte diese Sorge, meinte aber, auch das Gegenteil sei möglich: »Eine Bandbreite der Optionen zu eröffnen« könne zu mehr Handeln anregen.

»Von jener Art Monomanie abzurücken, die sagt: ›Das Einzige, was wir machen können, ist die Emissionen zu reduzieren‹, oder von der noch engeren Version, die sagt: ›Das Einzige, was wir machen können, sind erneuerbare Energien‹, könnte, glaube ich, tatsächlich eine breitere politische Zustimmung sichern, das Problem anzugehen. Die Leute wären vielleicht eher bereit, das große Geld für die Reduzierung der Emissionen auszugeben, wenn es Teil eines Projekts wäre, das nicht nur den Schaden begrenzen, sondern insgesamt die Welt wirklich besser machen würde.«

Ich merkte an, dass die Menschen keine sonderlich gute Bilanz aufzuweisen hätten, wenn es um die Art von Eingriffen gehe, die er erforsche. Obwohl der Import giftiger Amphibien sich kaum damit vergleichen ließ, Sonnenstrahlung abzublocken, führte ich das Beispiel der Agakröten an.

Keith fand, ich offenbare damit lediglich meine eigene Voreingenommenheit: »Leuten, die behaupten, die meisten unserer technologischen Lösungen gingen schief, antworte ich: ›Okay, ist die Landwirtschaft schiefgegangen?‹ Es stimmt sicher, dass die Landwirtschaft alle möglichen äußerst unerwarteten Folgen hatte.«

»Menschen denken an all die schlechten Beispiele der Umweltmodifizierung«, fuhr er fort. »Sie vergessen all diejenigen, die mehr oder weniger funktionieren. Es gibt ein Wildkraut, das ursprünglich aus Ägypten stammt. Es hat sich in der ganzen Wüste im Südwesten [der USA] ausgebreitet und ist äußerst destruktiv. Nach zahlreichen Versuchen hat man einen Käfer importiert, der Tamarisken frisst, und anscheinend funktioniert es.«

»Um es klar zu sagen: Ich behaupte gar nicht, dass Modifizierungen meistens funktionieren. Ich sage lediglich, dass es ein weites, nicht klar umrissenes Feld ist.«

Geoengineering ist nichts, was sich mit einem Bausatz aus dem Versandhandel in der eigenen Küche betreiben ließe. Aber wie es bei weltverändernden Projekten nun mal ist, wirkt es erstaunlich einfach. Die beste Methode, Aerosole auszubringen, wäre wahrscheinlich mit dem Flugzeug. Es müsste allerdings in der Lage sein, eine Höhe von 18 Kilometern zu erreichen und eine Fracht von zwanzig Tonnen zu tragen. Forscher, die sich mit der Konfiguration eines solchen Flugzeugs – das sie Stratospheric Aerosol Injection Lofter, kurz SAIL, nannten – befassten, kamen zu dem Schluss, dass die Entwicklungskosten sich auf etwa 2,5 Milliarden US-Dollar belaufen würden.[34] Das mag nach viel Geld klingen, ist aber nur ein Zehntel der Aufwendungen von Airbus für die Entwicklung seines »Superjumbos« A380, dessen Produktion das Unternehmen nach nur 1,5 Jahrzehnten wieder einstellen wird. Der Einsatz einer SAIL-Flotte würde etwa weitere zwanzig Milliarden US-Dollar pro Jahrzehnt kosten. Auch diese Summe ist nicht zu verachten, aber gegenwärtig gibt die Welt jährlich mehr als das 300-Fache dieses Betrags an Subventionen für fossile Brennstoffe aus.[35]

»Dutzende Staaten hätten sowohl das Fachwissen als auch das Geld, ein solches Programm zu starten«, erklärten die Forscher – Wake Smith, ein Dozent an der Yale University, und Gernot Wagner, Professor an der New York University.[36]

Solar-Geoengineering wäre nicht nur vergleichsweise kosten-günstig, sondern auch umgehend wirksam. Sobald die SAIL-Flotte in Betrieb genommen würde, würde eine Abkühlung der Erde ein-setzen. (1,5 Jahre nach dem Ausbruch des Tambora erfroren die Gurkenpflanzen in New England.) Wie Keutsch mir erklärte, ist es die einzige Möglichkeit, schnell etwas gegen den Klimawandel zu unternehmen.

Wenn eine SAIL-Flotte nach einer schnellen, preiswerten Lö-sung aussehen mag, so liegt es daran, dass es eigentlich keine Lö-sung ist. Wogegen diese Technologie vorgeht, sind Symptome der Erderwärmung, nicht deren Ursachen. Aus diesem Grund hat man Geoengineering mit der Methadonbehandlung eines Heroin-abhängigen verglichen, obwohl die Behandlung eines Heroinab-hängigen mit Amphetaminen wohl der passendere Vergleich wäre. Das Endergebnis ist die Abhängigkeit von zwei Drogen statt von einer.

Da die in der Stratosphäre versprühten Kalzit-, Sulfat- (oder Diamant-)Partikel nach einigen Jahren wieder auf die Erde fallen würden, müsste man sie ständig nachsprühen. Sollten die SAIL-Flüge über einige Jahrzehnte hinweg stattfinden und dann aus ir-gendwelchen Gründen – ein Krieg, eine Pandemie, Unzufrieden-heit über die Ergebnisse – eingestellt werden, hätte es die Wirkung, als würde man eine globusgroße Ofentür öffnen. Die gesamte Erd-erwärmung, die kaschiert wurde, würde sich plötzlich in einem ra-piden, dramatischen Temperaturanstieg manifestieren, ein Phäno-men, das man als »Terminationsschock« bezeichnet.

Um mit der Erderwärmung Schritt zu halten, müssten SAIL-Flüge immer größere Materialmengen in die Stratosphäre brin-gen. (In dem Bild der »künstlichen Vulkane« hieße das, immer stärkere Eruptionen zu simulieren.) Smith und Wagner legten ih-ren Kostenberechnungen die von Keith vorgeschlagene Zielset-zung zugrunde, das Tempo der Erderwärmung zu halbieren. Nach ihren Schätzungen müsste man im ersten Jahr etwa 100 000 Tonnen Schwefel versprühen. Bis zum zehnten Jahr müsste die Menge auf über eine Million Tonnen anwachsen. Entsprechend müsste in dieser Zeit die Zahl der SAIL-Flüge von 4000 auf über 40 000 im Jahr erhöht werden.[37] (Leider würde jeder Flug viele Tonnen Kohlendioxid freisetzen, zu weiterer Erderwärmung führen und noch mehr Flüge nach sich ziehen.)

Je mehr Partikel in die Stratosphäre gesprüht werden, umso größer ist die Wahrscheinlichkeit unerwünschter Nebenwirkungen. Einige Forscher sind der Frage nachgegangen, welche Folgen der Einsatz von Geoengineering hätte, um einen Kohledioxidgehalt von 560 Parts per million in der Atmosphäre – Werte, die im Laufe dieses Jahrhunderts ohne Weiteres erreicht werden könnten – auszugleichen. Sie kamen zu dem Ergebnis, dass er das Erscheinungsbild des Himmels verändern würde:[38] Er wäre nicht mehr blau, sondern weiß. Dieser Effekt würde dafür sorgen, dass »der Himmel über zuvor unberührten Regionen ähnlich aussieht wie über urbanen Gebieten«, stellten sie fest. Eine weitere, erfreulichere Auswirkung wären herrliche Sonnenuntergänge, »ähnlich jenen, die nach großen Vulkanausbrüchen zu beobachten sind«.

Alan Robock, Klimaforscher an der Rutgers University und einer der Leiter des Geoengineering Model Intercomparison Project (kurz GeoMIP), führt eine Liste der Bedenken zum Geoengineering, die in ihrer aktuellen Version über zwei Dutzend Einträge enthält.[39] An erster Stelle steht die Möglichkeit, dass es die Niederschlagsmuster verändern und zu »Dürren in Afrika und Asien« führen könnte. An neunter Stelle steht »geringere Produktion von Solarstrom«, an 17. Stelle »weißerer Himmel«, an 24. »zwischenstaatliche Konflikte« und an 28. die Frage: »Haben Menschen das Recht, das zu tun?«

Keith und Keutsch arbeiteten einige Jahre gemeinsam an dem Projekt Stratospheric Controlled Perturbation Experiment (kurz SCoPEx), einem Versuch, der in einer baumlosen Region wie dem Südwesten der Vereinigten Staaten in einer Höhe von zwanzig Kilometern stattfinden soll. Dabei sollen ein Gasballon, ein oder zwei Pfund reflektierender Partikel und eine Gondel mit wissenschaftlichen Messinstrumenten zum Einsatz kommen.

Bei meinem Besuch in Cambridge, Massachusetts, waren die Arbeiten an der Gondel gerade im Gange, und Keith bot mir an, mir den Versuchsaufbau zu zeigen. Wir gingen durch ein Gewirr von Hallen in ein Labor voller Rohre, Gasbehälter, Packkisten, Leiterplatten und einer baumarktreifen Auswahl an Werkzeugen. »Das ist der Flugrahmen«, sagte er und deutete auf ein schuppengroßes Gestell aus Metallträgern. »Und das sind die Propeller.«

Keith erklärte mir, dass dieses Experiment in mehreren Stufen ablaufen werde. Zunächst sollte der unbemannte Ballon durch die Stratosphäre gleiten und aus der Gondel einen Partikelstrom freisetzen. Dann würde der Ballon umkehren und durch die Partikelwolke schweben, um deren Verhalten zu beobachten.

Ziel dieses Experiments war es nicht, Geoengineering an sich zu testen – ein paar Pfund Calciumcarbonat oder Schwefeldioxid reichen nicht annähernd aus, um einen beobachtbaren Unterschied im Klima zu bewirken. Dennoch wäre SCoPEx der erste wissenschaftliche Feldversuch – oder Himmelsversuch, wenn man so will – zu diesem Konzept und löste erhebliche Opposition aus.

»Auch wenn die Menge belanglos ist, hat es beträchtliche Symbolkraft, wenn ein Ballon Partikel in die Stratosphäre sprüht«, erklärte Keutsch mir.

»Es gibt Leute, die aus Gründen, die ich schlüssig finde, der Ansicht sind, wir sollten dieses Experiment nicht durchführen«, sagte Keith, als wir zusahen, wie einer seiner Studenten das Fahrwerk der SCoPEx-Gondel mit Epoxidharz versiegelte. »Aber um es klar und deutlich zu sagen, das eigentliche reale Risiko ist, dass etwas kaputtgeht und jemandem auf den Kopf fällt.«

Bislang ist das Geoengineering-Forschungsprogramm der Harvard University mit Finanzmitteln von zwanzig Millionen Dollar das bestfinanzierte der Welt. In den Vereinigten Staaten und in Europa erforschen jedoch noch weitere Gruppen alternative Formen der »Klimaintervention«.

Der Chemiker Sir David King, der den britischen Premierministern Tony Blair und Gordon Brown als leitender Wissenschaftsberater und Sonderbeauftragter der Regierung für Klimawandel diente, startete kürzlich an der Cambridge University eine Forschungsinitiative, das Centre for Climate Repair.

»Wir liegen derzeit bei 1,1 bis 1,2 Grad Celsius über dem vorindustriellen Niveau«, erklärte er mir am Telefon. »Und die Schlussfolgerung ist, dass schon das zu viel ist. So schmilzt etwa das Eis im Polarmeer wesentlich schneller als vorhergesagt. Wir sehen, dass der Eisschild Grönlands schneller zu schmelzen anfängt als vorhergesagt. Wie werden wir damit fertig?«

Zusätzlich zur einschneidenden Reduzierung der Emissionen – »sonst sind wir, ehrlich gesagt, geliefert« – wurde das Zentrum laut King geschaffen, um die Forschung zur Kohlenstoffabscheidung und zu Technologien zu fördern, die ein erneutes »Einfrieren« der Pole bewirken könnten. Eine Idee, die er erwähnte, war eine arktische Version der Wolkenaufhellung. Nach diesem Plan würde man eine Flotte ins Nordpolarmeer schicken, die sehr feine Salzwassertröpfchen in den Himmel schießen sollte. Theoretisch würden die Salzkristalle die Reflektivität der Wolken erhöhen und damit die Sonneneinstrahlung verringern, die auf das Eis trifft.

»Es besteht die Hoffnung, die Eisschicht auf dem Meer, die sich im Polarwinter bildet, zu erhalten«, erklärte King. »Und wenn man das Jahr für Jahr macht, baut man das Eis Schicht für Schicht wieder auf.«

Daniel Schrag, Leiter des Harvard University Center for the Environment und Preisträger des MacArthur Genius Grant, wirkte am Aufbau des Geoengineering-Programms der Harvard University mit und sitzt in dessen Verwaltungsrat.

»Manche äußerten sich konsterniert über die Aussicht, das Klima für den gesamten Planeten zu manipulieren«, schrieb er. »Ironischerweise bieten solche Manipulationsversuche vielleicht die beste Überlebenschance für die meisten natürlichen Ökosysteme der Erde – obwohl man sie wohl nicht länger natürlich nennen sollte, wenn solche Engineering-Systeme jemals entwickelt werden.«[40]

Schrags Büro ist einen Häuserblock von den Büros von Keith und Keutsch entfernt, daher vereinbarte ich während meines Besuchs in Cambridge, mich dort mit ihm zu treffen. Sein Hund Mickey, ein genialer Chinook, trottete herüber, um mich zu begrüßen.

»Ich weiß nicht, ob Sie als Autorin jemals einen solchen Druck verspüren«, erklärte Schrag. »Aber ich erlebe viel Druck von meinen Kollegen, dass es einen guten Ausgang gibt. Die Menschen wollen Hoffnung haben. Und ich erwidere etwa: ›Wisst ihr was? Ich bin Wissenschaftler. Mein Job ist es nicht, Leuten gute Nachrichten zu bringen. Mein Job ist es, die Welt so genau wie möglich zu beschreiben.‹«

»Als Geologe denke ich über Zeiträume nach«, führte er weiter aus. »Der Zeitmaßstab des Klimasystems sind Jahrhunderte bis Zigtausende Jahre. Wenn wir morgen die CO_2-Emissionen einstellen, was natürlich unmöglich ist, wird es noch mindestens über Jahrhunderte hinweg wärmer werden, bis die Meere sich angleichen. Das hat einfach mit grundlegender Physik zu tun. Wir wissen nicht genau, wie viel zusätzliche Erwärmung das ausmacht, aber sie könnte ohne Weiteres noch siebzig Prozent über dem liegen, was wir erwartet haben. Insofern sind wir bereits bei zwei Grad Celsius. Wir können von Glück sagen, wenn wir bei vier Grad aufhören. Das ist weder optimistisch noch pessimistisch. Ich glaube, das ist die objektive Realität.« (Eine Erderwärmung um vier Grad Celsius liegt nicht nur weit über der offiziellen Katastrophenschwelle, sondern reicht in eine Region hinein, die sich vermutlich am besten als unvorstellbar beschreiben lässt.)

»Die Vorstellung, dass die Forschung zum Solar-Geoengineering irgendwie die Büchse der Pandora öffnet, ist, denke ich, unglaublich naiv«, sagte Schrag. »Glauben Sie wirklich, dass das amerikanische oder das chinesische Militär nicht darüber nachgedacht hat? Ach, kommen Sie! Sie haben Wolken geimpft, um Regen zu erzeugen. Das ist keine neue Idee und kein Geheimnis.«

»Leute müssen davon wegkommen, darüber nachzudenken, ob sie Solar-Geoengineering mögen oder nicht, ob sie finden, dass man es machen sollte oder nicht. Sie müssen begreifen, dass wir das gar nicht entscheiden werden. Die Vereinigten Staaten werden es nicht entscheiden. Du bist ein führender Regierungschef der Welt, und da gibt es eine Technologie, die Schmerz und Leid beseitigen könnte oder zum Teil beseitigen könnte. Das muss eine echte Versuchung sein. Ich sage gar nicht, dass sie es morgen machen werden. Nach meinem Eindruck könnte es noch dreißig Jahre dauern. Für Wissenschaftler hat es höchste Priorität, alle unterschiedlichen Arten herauszufinden, wie es schiefgehen könnte.«

Während wir uns unterhielten, kam eine Freundin Schrags in sein Büro. Er stellte sie als Allison Macfarlane vor, Professorin an der George Washington University und ehemalige Leiterin der U.S. Nuclear Regulatory Commission. Als er ihr erzählte, dass wir gerade über Geoengineering sprachen, senkte sie den Daumen.

»Es sind die unbeabsichtigten Folgen«, erklärte sie. »Du denkst, du tust das Richtige. Nach allem, was du über die Natur weißt, müsste es funktionieren. Aber dann machst du es, und es geht komplett nach hinten los, und es passiert etwas völlig anderes.«

»Es ist die reale Welt des Klimawandels, mit der wir es hier zu tun haben«, erwiderte Schrag. »Geoengineering ist nichts, was man leichthin macht. Der Grund dafür, dass wir darüber nachdenken, ist, dass die reale Welt uns miserable Karten in die Hand gegeben hat.«

»Die haben wir uns selbst gegeben«, merkte Macfarlane an.

Etwa um die Zeit, als die U.S. Navy mit dem Project Stormfury begann, startete die U.S. Army ein Projekt unter dem Namen Iceworm – das allerdings wegen strenger Geheimhaltung nur wenigen bekannt war. Es handelte sich um einen außerordentlich kalten Plan, den Kalten Krieg zu gewinnen. Die Armee schlug vor, Hunderte Kilometer lange Tunnel in den Eisschild Grönlands zu bohren, sie mit Eisenbahnschienen zu versehen und darauf Atomraketen kursieren zu lassen, um die Sowjets im Unklaren über deren Standort zu halten. »Iceworm verbindet also Mobilität mit Streuung, Tarnung und Härte«, prahlte ein vertraulicher Bericht.[1]

Im Zuge dieses Vorhabens wurde im Sommer 1959 das Army Corps of Engineers nach Grönland entsandt, um einen Stützpunkt zu errichten. Camp Century, knapp 240 Kilometer östlich der Baffin Bay auf 77 Grad nördlicher Breite gelegen, war mit Abstand die größte Anlage, die je auf – oder in – dem Eisschild gebaut wurde. Mit Geräten, die im Grunde gigantischen Schneefräsen ähnelten, legte das Pionierkorps ein Netz unterirdischer Gänge an, die Unterkünfte, eine Messe, eine Kapelle, ein Theater und einen Frisörladen miteinander verbanden. Im Eis gab es sogar eine Feldapotheke, die Parfüm verkaufte, das die Militärangehörigen nachhause schicken konnten. (Ein beliebter Witz im Camp lautete, hinter jedem Baum stehe ein Mädchen.) Strom erhielt die Anlage von einem mobilen Atomreaktor.

Camp Century war der Teil des Project Iceworm, den die US-Armee publik machte. Sie behauptete, der Stützpunkt sei errichtet worden, um Polarforschung zu betreiben, und produzierte einen Werbefilm, der die übermenschlichen Anstrengungen des Pionierkorps dokumentierte. Der Transport von Baumaterial von der Küste erforderte Konvois von Spezialfahrzeugen, die sich mit drei Kilometern pro Stunde mühsam über das Eis kämpften. »Camp Century ist ein Symbol für den unermüdlichen Kampf des Menschen, seine Umwelt zu erobern«, erklärte der Sprecher im Film.[2] Reporter bekamen Führungen durch die Tunnel, und zwei Pfadfinder – ein amerikanischer und ein dänischer – wurden zu einem Aufenthalt eingeladen.[3]

Kaum waren die Bauarbeiten abgeschlossen, da begannen auch schon die Probleme in Camp Century. Eis fließt wie Wasser. Da das Pionierkorps das wusste, hatte es die Dynamik in seine Berechnungen einbezogen. Allerdings hatte es den menschlichen Faktor nicht ausreichend berücksichtigt – wie stark der Reaktor diesen Prozess beschleunigen würde. Beinahe sofort begannen die Tunnel, sich zusammenzuziehen.[4] Um zu verhindern, dass die Unterkünfte, das Kino und die Messe zerquetscht wurden, mussten Mannschaften das Eis ständig mit Kettensägen »stutzen«. Ein Besucher der Anlage verglich den Lärm mit der Jahreshauptversammlung sämtlicher Teufel der Hölle.[5] Bis 1964 hatte sich die Kammer, in der sich der Atomreaktor befand, so stark deformiert, dass man ihn entfernen musste. 1967 gab man den ganzen Stützpunkt auf.

Eine Möglichkeit, die Camp-Century-Geschichte zu deuten, ist, sie als weitere Allegorie des Anthropozäns darzustellen. Der Mensch macht sich daran, »seine Umwelt zu erobern«. Er gratuliert sich zu seinem Einfallsreichtum und seiner Heldentat, nur um festzustellen, dass die Wände um ihn herum näher rücken. Man mag die Natur mit einer Schneefräse vertreiben, aber sie wird immer zurückkehren.

Das ist jedoch nicht der Grund, warum ich diese Geschichte erzähle. Zumindest nicht der Hauptgrund.

Camp Century mag eine Potemkin'sche Forschungsstation gewesen sein, aber dort wurde tatsächlich Forschung betrieben. Selbst als die Tunnel sich verformten und zusammenbrachen, führten

Glaziologen noch Bohrungen im Eisschild durch. Sie holten lange, dünne Eiszylinder heraus, bis sie auf Grundgestein stießen. Diese Zylinder – insgesamt über 1000 – waren der erste vollständige Eisbohrkern aus Grönland.[6] Was sie über die Klimageschichte offenbarten, war so verwirrend und unwahrscheinlich, dass Wissenschaftler es sich bis heute zu erklären versuchen.

Ich las erstmals etwas über Camp Century, als ich eine Grönlandreise plante. Damals hatte ich einen Besuch bei einem Bohrprojekt unter dänischer Leitung arrangiert, dem North Greenland Ice Core Project, kurz North GRIP. Die Arbeiten fanden auf einer drei Kilometer dicken Eisschicht an einem noch abgelegeneren Ort als Camp Century statt. Um dorthin zu gelangen, durfte ich in einer mit Kufen ausgestatteten C-130 Hercules mitfliegen, die Kenner nur als Herc bezeichnen. Das Flugzeug transportierte mehrere tausend Meter Bohrkabel, ein Team europäischer Glaziologen und Dänemarks Forschungsminister. (Grönland ist dänisches Territorium, eine Tatsache, die die U.S. Army in ihrer Planung des Project Iceworm gern ignorierte.) Der Minister musste ebenso wie wir anderen im Laderaum der Herc sitzen und vom Militär ausgegebene Ohrstöpsel tragen.

Als wir ausstiegen, begrüßte uns Jørgen Steffensen, einer der Leiter von North GRIP. Wir trugen riesige gefütterte Stiefel und dicke Schneekleidung. Steffensen hatte alte Sneaker, einen schmuddeligen, offenen Parka und keine Handschuhe an. Winzige Eiszapfen hingen in seinem Bart. Als Erstes hielt er uns einen Vortrag über die Gefahren der Dehydrierung. »Es klingt nach einem krassen Widerspruch«, erklärte er uns. »Sie stehen auf 3000 Metern Wasser. Aber es ist extrem trocken. Also achten Sie darauf, dass Sie pinkeln müssen.« Dann wies er uns in das Camp-Protokoll ein. Es gab zwei frostsichere Toiletten aus Schweden, aber Männer wurden gebeten, sich draußen auf dem Eis an einer Stelle zu erleichtern, die mit einem roten Fähnchen markiert war.

Einer der Eingänge zum Camp Century.

Die Tunnel von Camp Century mussten mit Kettensägen instand gehalten werden.

North GRIP war eine ausgesprochen bescheidene Einrichtung aus einem halben Dutzend kirschroter Zelte, die sich um eine in Minnesota bestellte geodätische Kuppel gruppierten. Vor dieser Kuppel hatte jemand das übliche scherzhafte Symbol der Abgeschiedenheit aufgepflanzt: einen Wegweiser zur nächstgelegenen Ortschaft, Kangerlussuaq, mit der Entfernungsangabe – achthundert Kilometer. In der Nähe stand das übliche scherzhafte Symbol für Kälte: eine Sperrholzpalme. In alle Richtungen bot sich die gleiche Aussicht: eine ungemein flache, weiße Fläche, die man als öde oder auch als grandios bezeichnen konnte.

Unter dem Camp führte ein 25 Meter langer Tunnel in den Bohrraum hinunter. Diese Kammer hatte man aus dem Eis gefräst wie die Gänge im Camp Century, und selbst im Juni stieg darin die Temperatur nie über den Gefrierpunkt. Auch hier schrumpfte die Kammer ebenso wie im Camp Century. Die Decke hatte man mit Holzbalken verstärkt, aber sie waren unter dem Gewicht des Schnees bereits gebrochen. Jeden Morgen um acht Uhr begannen die Bohrungen. Die erste Aufgabe des Tages war, den Bohrkopf, eine 3,60 Meter lange Röhre mit scharfen Metallzähnen an der Spitze, bis auf den Grund des Bohrlochs abzusenken. Sobald er in Position gebracht war, begann die gezähnte Röhre sich zu drehen und schnitt nach und nach einen Zylinder aus dem Eis, der dann mit einem Stahlseil heraufgezogen wurde. Als ich dem Vorgang das erste Mal zuschaute, bedienten ein Glaziologe aus Island und einer aus Deutschland die Anlage. Bei der Tiefe, die sie mittlerweile erreicht hatten – 2950 Meter –, dauerte es eine Stunde, nur den Bohrkopf abzusenken. In dieser Zeit hatten die beiden nicht viel zu tun, außer ihre Computer im Blick zu behalten, die auf kleinen Heizdecken standen, und Abba zu hören. »Das Wort ›feststecken‹ gibt es in unserem Wortschatz nicht«, erklärte mir der Isländer mit einem nervösen Kichern.

Grönlands Eisschild besteht wie alle Gletscher vollständig aus angesammeltem Schnee. Die jüngsten Schichten sind dick und

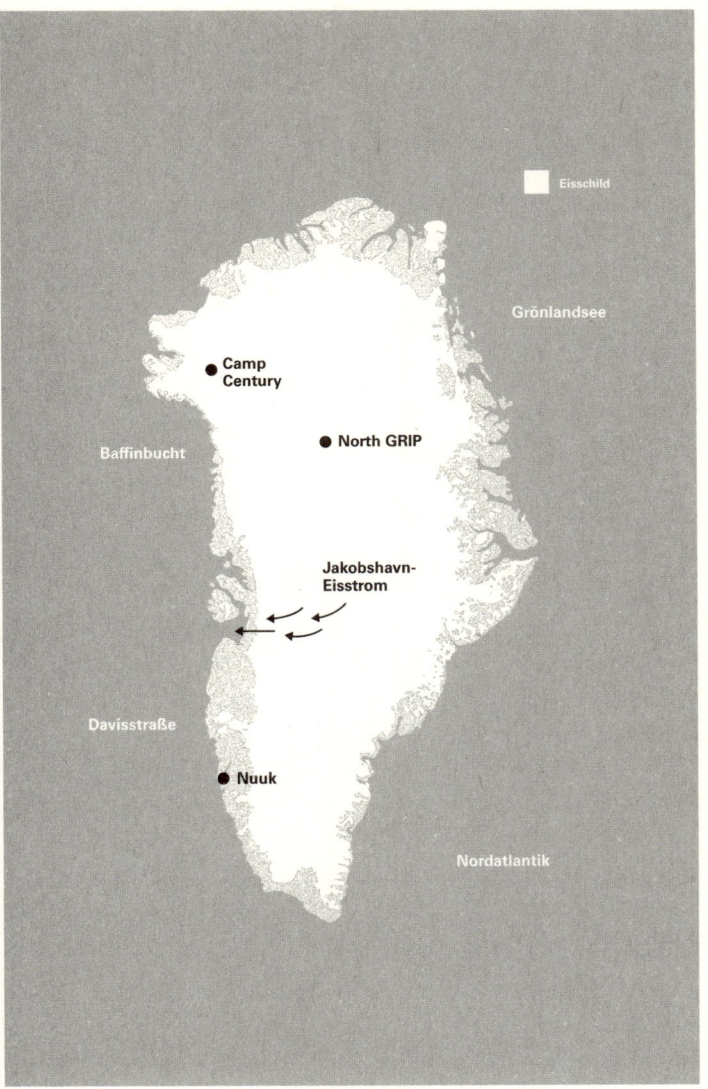

Eisschild

Grönlandsee

Camp
Century

North GRIP

Baffinbucht

Jakobshavn-
Eisstrom

Davisstraße

Nuuk

Nordatlantik

209

luftig, die älteren dünn und verdichtet. Wenn man also durch das Eis nach unten bohrt, geht man in der Zeit zurück, zuerst langsam, dann wesentlich schneller. In gut vierzig Metern Tiefe stößt man auf Schnee aus der Zeit des amerikanischen Bürgerkrieges, in 750 Metern Tiefe auf Schnee aus der Zeit Platos und in 1600 Metern Tiefe auf Schnee aus der Zeit, als die prähistorischen Höhlenmalereien in Lascaux entstanden. Wenn der Schnee zusammengepresst wird, ändert sich seine Kristallstruktur und er verwandelt sich in Eis. In den meisten anderen Aspekten bleibt er jedoch unverändert als Relikt jenes Moments erhalten, in dem er entstand. Im Grönlandeis gibt es Vulkanasche vom Tambora, Bleirückstände von römischen Schmelzhütten und Staub aus der Mongolei, den Winde in der Eiszeit angeweht haben. Jede Schicht enthält winzige Lufteinschlüsse, Stichproben einer vergangenen Atmosphäre. Wer sie zu lesen versteht, findet darin ein Archiv des Himmels.

Schließlich zog das Bohrteam einen kurzen Bohrkern heraus – von sechzig Zentimetern Länge und zehn Zentimetern Durchmesser. Jemand holte den Minister, der in einem roten Skianzug in die Kammer kam. Der Bohrkern sah aus wie ein sechzig Zentimeter langer Zylinder aus ganz gewöhnlichem Eis. Aber er bestand aus Schnee, der vor über 105 000 Jahren am Beginn der letzten Eiszeit gefallen war. Der Minister rief etwas auf Dänisch aus und wirkte angemessen beeindruckt.

Der Erste, der erkannte, wie viele Informationen sich aus einem Eisbohrkern gewinnen ließen, war ein dänischer Geophysiker namens Willi Dansgaard, ein Experte für die Chemie von Niederschlägen. Aus einer Regenwasserprobe konnte er aufgrund der Isotopenzusammensetzung die Temperatur bestimmen, bei der es sich gebildet hatte. Dieses Verfahren ließ sich auch auf Schnee anwenden, wie er erkannte. Als Dansgaard 1966 von dem Bohrkern aus Camp Century erfuhr, beantragte er eine Genehmigung, ihn zu analysieren, und war ziemlich überrascht, als er sie bekam. Offenbar sei den Amerikanern gar nicht klar gewesen, was für eine »Goldgrube« an Daten sie in ihrem tiefgekühlten Kellergewölbe aufbewahrten, schrieb er später.[7]

In groben Zügen bestätigten Dansgaards Auswertungen des Bohrkerns aus Camp Century, was bereits über die Klimageschichte bekannt war.[8] Die letzte Kaltzeit, die Weichsel- oder Würm-Kaltzeit, die in Nordamerika als Wisconsin-Vergletscherung bezeichnet wird, begann etwa vor 110 000 Jahren. In dieser Zeit breitete sich die Eisdecke über die Nordhalbkugel aus, bis sie Skandinavien, Kanada, Neuengland und große Teile des amerikanischen Mittelwestens bedeckte. Während dieser gesamten Periode lag Grönland in der Kaltzone. Als die Weichsel-Kaltzeit vor etwa 10 000 Jahren endete, wurde es in Grönland (und im Rest der Welt) wärmer.

In den Details sah die Sache anders aus. Dansgaards Analyse des Bohrkerns deutete darauf hin, dass das Klima in Grönland in der Mitte der letzten Kaltzeit so schwankend war, dass man kaum von einem einzigen Klima reden konnte. Innerhalb von fünfzig Jahren waren die Durchschnittstemperaturen auf dem Eisschild offenbar um acht Grad Celsius angestiegen und nahezu ebenso abrupt wieder gefallen. Das war nicht nur einmal passiert, sondern viele Male. Temperaturschwankungen von acht Grad Celsius? Das war, als wäre New York plötzlich Houston oder Houston Riad geworden und dann wieder zurückgesprungen. Konnten diese heftigen Ausschläge in den Daten mit realen Ereignissen korrespondieren? Oder zeugten sie von irgendeiner Störung?

In den folgenden vier Jahrzehnten entnahm man fünf weitere Bohrkerne aus unterschiedlichen Teilen des Eisschildes. Jedes Mal zeigten sich die heftigen Schwankungen. Unterdessen wiesen andere Klimaarchive wie Pollenablagerungen in einem See in Italien, Meeressedimente im Arabischen Meer und Stalagmiten in einer Höhle in China dasselbe Muster auf. Diese Temperaturschwankungen benannte man nach Dansgaard und seinem Schweizer Kollegen Hans Oeschger als Dansgaard-Oeschger-Ereignisse. Im

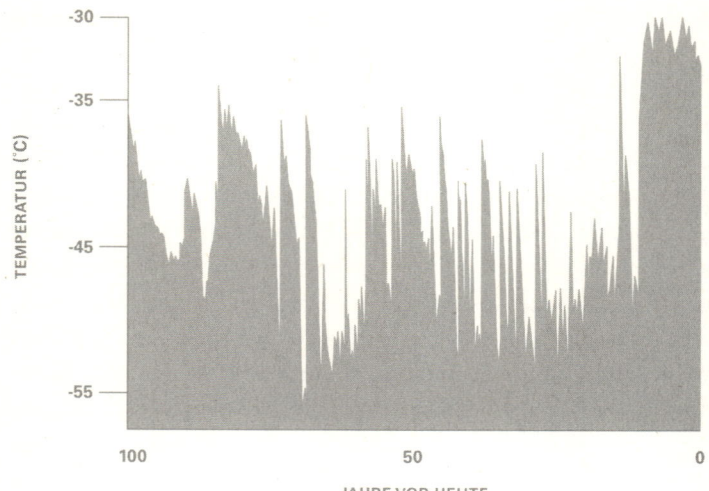

Während der letzten Kaltzeit gab es in Zentralgrönland starke Temperaturschwankungen.

Grönlandeis sind 25 dieser Ereignisse verzeichnet. Der Glaziologe Richard Alley von der Pennsylvania State University verglich diesen Effekt mit »einem Dreijährigen, der gerade einen Lichtschalter entdeckt hat und ihn an- und ausschaltet«.[9]

Die letzte große Schwankung fand am Ende der Kaltzeit statt und war ein Hammer.[10] In Grönland schossen die Temperaturen innerhalb von zehn Jahren oder noch schneller um zehn Grad Celsius in die Höhe. Dann stellten sich ruhigere, völlig andere Verhältnisse ein. Über die folgenden 10 000 Jahre blieben die Temperaturen in Grönland Jahrzehnt für Jahrzehnt, Jahrhundert für Jahrhundert mehr oder weniger konstant.

Die gesamte Zivilisation fällt in diese Periode relativer Ruhe, die wir daher für die Norm halten. Das ist ein verständlicher Irrtum, aber dennoch ein Irrtum. Unsere Zeitspanne ist die einzige Periode in den letzten 110 000 Jahren, die derart stabil war.

An einem Abend interviewte ich Steffensen in der geodätischen Kuppel von North GRIP. Es war Mitternacht, aber während des Polartages schien draußen die Sonne. Die Glaziologen tranken Bier, spielten Brettspiele und hörten Musik aus *Buena Vista Social Club*.

Ich sprach den Klimawandel an. Vielleicht würde er eine erneute Kaltzeit und weitere Dansgaard-Oeschger-Ereignisse abwenden, äußerte ich hoffnungsvoll. Zumindest dieser Katastrophe könnten wir vielleicht entgehen.

Steffensen war von meinem Gedanken wenig beeindruckt. Wenn man glaubte, dass das Klima in sich instabil sei, wäre eine Einmischung seiner Ansicht nach das Letzte, was man wollen würde. Er führte ein altes dänisches Sprichwort an, das mir in Erinnerung blieb, obwohl ich nicht ganz verstand, was es damit auf sich hatte: »Sich in die Hose zu pinkeln hält einen nur begrenzte Zeit warm.«

Wir kamen auf die Klimageschichte und die Menschheitsgeschichte zu sprechen. Nach Steffensons Ansicht lief beides auf dasselbe hinaus. »Wenn Sie sich die Ausbeute aus den Eisbohrkernen ansehen, hat sie unser Weltbild wirklich verändert, unsere Sicht früherer klimatischer Verhältnisse und der Menschheitsevolution«, erklärte er mir. »Warum haben Menschen nicht schon vor 50 000 Jahren eine Zivilisation entwickelt?«

»Es ist bekannt, dass sie ebenso große Gehirne besaßen wie wir heute«, führte er weiter aus. »Wenn man es in einen klimatischen Rahmen einordnet, kann man sagen, gut, es war die Kaltzeit. Und diese Kaltzeit war klimatisch so instabil, dass sie jedes Mal, wenn sich die Anfänge einer Kultur bildeten, weiterziehen mussten. Dann kommt die gegenwärtige Warmzeit – 10 000 Jahre eines relativ stabilen Klimas. Die perfekten Bedingungen für Ackerbau. Wenn man sich das anschaut, ist es wirklich erstaunlich. In Persien, in China und in Indien entstehen gleichzeitig vor etwa 6000 Jahren Zivilisationen. Sie alle entwickeln eine Schrift und Religion, und alle bauen Städte, alle gleichzeitig, weil das Klima stabil war. Ich glaube, wenn das Klima vor 50000 Jahren stabil gewesen wäre, hätte es damals schon angefangen. Aber sie hatten keine Chance.«

Ich plante gerade eine weitere Reise nach Grönland, wo Steffenson und seine Kollegen einen neuen Bohrkern aus dem Eis holten, als die Corona-Pandemie ausbrach. Schlagartig waren alle Pläne durchkreuzt, auch meine. Als Grenzen geschlossen und Flüge gestrichen wurden, war eine Reise auf den Eisschild – oder an die meisten anderen Orte – praktisch nicht mehr möglich. Da saß ich nun und versuchte ein Buch über die außer Kontrolle geratende Welt abzuschließen, nur um festzustellen, dass sie so weit außer Kontrolle geriet, dass ich mein Buch nicht fertigschreiben konnte.

Noch immer versuchen Wissenschaftler herauszufinden, was die starken Temperaturschwankungen verursacht hat, die erstmals in dem Bohrkern aus Camp Century entdeckt wurden. Laut einer Hypothese hingen sie mit einem Schwund des Meereseises in der Arktis zusammen, was in Anbetracht der Tatsache, dass die Erderwärmung das Meereis in der Arktis schmelzen lässt, beunruhigend ist. Doch auch abgesehen von der Möglichkeit eines von Menschen verursachten Dansgaard-Oeschger-Ereignisses geht die Ruhe der letzten 10000 Jahre eindeutig zu Ende. Ohne es zu wollen oder auch nur zu merken, hat die Menschheit die Stabilität, die sie durch eine glückliche Fügung erlebt hat, dazu genutzt, eine Instabilität im Grönland-Maßstab zu erzeugen.

Seit 1990 sind die Temperaturen auf dem Eisschild um nahezu drei Grad Celsius gestiegen.[11] Im selben Zeitraum hat sich der Eisverlust auf Grönland versiebenfacht von jährlich dreißig Milliarden Tonnen auf durchschnittlich über 250 Milliarden Tonnen pro Jahr.[12] Die Eisschmelze tritt auf immer größeren Flächen und in immer höheren Lagen auf: An zwei außergewöhnlich warmen Tagen im Sommer 2019 war die Schmelze auf über 95 Prozent der Oberfläche des Eisschildes zu beobachten.[13] In jenem – Rekorde brechenden – Sommer verlor Grönland annähernd 600 Milliarden Tonnen Eis, genug, um einen Pool von der Größe Kaliforniens 1,20 Meter hoch mit Wasser zu füllen.[14]

»Gegenwärtig erlebt die Arktis Erwärmungsraten vergleichbar mit abrupten Schwankungen oder Dansgaard-Oeschger-Ereignissen, wie sie in Eisbohrkernen aus Grönland verzeichnet sind«, stellte ein dänisch-norwegisches Wissenschaftlerteam kürzlich fest.[15] Da der Schmelzprozess selbstverstärkend ist – Wasser ist dunkel und absorbiert Sonnenlicht, während Eis hell ist und es reflektiert –, herrscht weithin die Sorge, dass Grönland sich einem Punkt nähert, ab dem das Verschwinden des gesamten Eisschildes unausweichlich wird. Das könnte zwar Jahrhunderte – sogar Jahrtausende – dauern, aber insgesamt gibt es in Grönland genügend Eis, um den Meeresspiegel weltweit um sechs Meter ansteigen zu lassen.

Der Meeresspiegel schwankte in der Vergangenheit ebenso dramatisch wie die Temperaturen. Als am Ende der Weichsel-Kaltzeit die großen Eisschilde abschmolzen, stieg er zeitweise mit der erstaunlichen Geschwindigkeit von dreißig Zentimetern innerhalb eines Jahrzehnts. (Es gibt Vermutungen, dass einer dieser »Schmelzwasserpulse« die Schilderung der Sintflut in der Genesis inspirierte.) Offenkundig wurden unsere Urahnen mit diesen Tumulten fertig, sonst gäbe es uns nicht. Aber im Gegensatz zu uns reisten sie mit leichtem Gepäck. Wie – und wohin – sollte man eine Stadt wie Boston, Mumbai oder Shenzhen verlegen? Privateigentum, Staatsgrenzen, U-Bahn-Linien, Strom- und Kommunikationsleitungsnetze, Abwassersysteme – das alles sind relativ junge Entwicklungen der menschlichen Gesellschaft, die dagegen sprechen, zu packen und weiterzuziehen. Insofern ist jede Küstenstadt wie New Orleans gezwungen, an Ort und Stelle zu bleiben und die kostspieligen, zunehmend aufwändigeren Eingriffe vorzunehmen, die zur Erhaltung des Status quo notwendig sind. Im Kampf gegen steigende Meeresspiegel und die tödlicheren Sturmfluten, die sie mit sich bringen, hat das U.S. Army Corps of Engineers vorgeschlagen, eine Reihe künstlicher Inseln im New York Harbor zu bauen. Nach ersten Schätzungen würden sich die Kosten dieses Projekts auf über 100 Milliarden US-Dollar belaufen.[16] Alternativ gibt es Vorschläge, den Anstieg des Meeresspiegels zu verlangsamen, indem man den antarktischen Eisschild mit technischen Mitteln stützt oder den Gletschermund eines der größten grönländischen Auslassgletscher, des Jakobshavn-Eisstroms, blockiert.

»Wir verstehen das Zögern, in Gletscher einzugreifen«, erklärten die Autoren dieses Vorschlags – Wissenschaftler aus den Vereinigten Staaten und Finnland – in ihrem Artikel in *Nature*.[17] »Als Glaziologen kennen wir die unberührte Schönheit dieser Orte.« Allerdings wandten sie ein: »Wenn die Welt nichts unternimmt, werden die Eisschilde schrumpfen und die Verluste sich beschleunigen. Selbst wenn die Treibhausgasemissionen drastisch reduziert werden, was unwahrscheinlich scheint, würde es Jahrzehnte dauern, bis das Klima sich stabilisiert.«

Zuerst beschleunigen wir den Eisstrom, dann versuchen wir ihn zu verlangsamen, indem wir einen neunzig Meter hohen und fünf Kilometer langen Damm mit Betonkrone aufschütten.

In diesem Buch geht es um Menschen, die Probleme zu lösen versuchen, die Menschen beim Versuch, Probleme zu lösen, geschaffen haben. Im Laufe meiner Recherchen sprach ich mit Ingenieuren, Gentechnikern, Biologen, Mikrobiologen, Klimaforschern und Geoengineering-Unternehmern. Sie alle betrieben ihre Arbeit voller Enthusiasmus, der jedoch in der Regel von Zweifeln gedämpft war. Die elektrischen Fischbarrieren, die Überschwemmungsrinne aus Beton, die nachgemachte Höhle, die synthetischen Wolken – das alles wurde mir weniger in einem Geist des Technikoptimismus präsentiert als vielmehr mit einem gewissen Technikfatalismus, wie man es nennen könnte. Es waren keine Verbesserungen der Originale, sondern das Beste, was einem unter den gegebenen Umständen einfallen konnte. Es ist ganz ähnlich wie in dem Film

Blade Runner, in dem eine Replikantin zu dem von Harrison Ford dargestellten Filmhelden – von dem nicht ganz klar ist, ob nicht auch er ein Replikant ist – sagt: »Glaubst du, ich würde an so einem Ort arbeiten, wenn ich mir eine echte Schlange leisten könnte?«

In diesem Kontext sind Eingriffe wie assistierte Evolution, synthetische Gene Drives und das Vergraben von Milliarden Bäumen zu beurteilen. Geoengineering mag »völlig verrückt und ziemlich beunruhigend« sein, aber muss man es nicht in Betracht ziehen, wenn es das Abschmelzen des grönländischen Eisschilds verlangsamen und dazu beitragen könnte, »Schmerz und Leid« und einen Zusammenbruch von Ökosystemen zu verhindern, die ohnehin schon nicht mehr durchweg natürlich sind?

Andy Parker ist der Projektleiter der Solar Radiation Management Governance Initiative, die sich dafür einsetzt, die »globale Debatte« über Geoengineering zu fördern. Er vergleicht diese Technologien gern mit einer Chemotherapie. Niemand, der halbwegs bei klarem Verstand ist, würde sich einer Chemotherapie unterziehen, wenn es bessere Optionen gäbe. »Wir leben in einer Welt, in der es weniger riskant sein könnte, gezielt die verdammte Sonneneinstrahlung zu dämpfen, als es nicht zu tun«, sagte er.[18]

Aber die Vorstellung, es könne weniger gefährlich sein, »die verdammte Sonneneinstrahlung zu dämpfen«, als es nicht zu tun, setzt die Annahme voraus, dass die Technologie nicht nur planmäßig funktioniert, sondern auch planmäßig umgesetzt wird. Und das erfordert viel Fantasie. Wie Keutsch, Keith und Schrag im Gespräch mit mir betonten, können Wissenschaftler lediglich Empfehlungen abgeben, sie umzusetzen ist eine politische Entscheidung. Man mag hoffen, dass eine solche Entscheidung gleichermaßen mit Blick auf die gegenwärtigen wie auch die zukünftigen Generationen menschlicher und nichtmenschlicher Lebewesen getroffen wird. Allerdings spricht derzeit, gelinde gesagt, nicht viel dafür. (Siehe beispielsweise den Klimawandel.)

Angenommen, die Welt – oder nur eine kleine Gruppe durchsetzungsfähiger Staaten – würde eine SAIL-Flotte aufstellen, und angenommen, während diese Flugzeuge tonnenweise Partikel in die Atmosphäre brächten, würden die globalen Emissionen weiter zunehmen, dann wäre das Ergebnis nicht etwa die Rückkehr zum Klima der vorindustriellen Zeit oder zu dem des Pliozäns oder auch nur des Eozäns, als sich an den arktischen Küsten Krokodile sonnten. Vielmehr wäre es ein noch nie dagewesenes Klima für eine völlig neue Welt, in der Silberkarpfen unter einem weißen Himmel glitzern.

Danksagung

Dieses Buch wäre ohne die Unterstützung zahlreicher Menschen nicht möglich gewesen, denen ich an dieser Stelle aufrichtig dafür danke, dass sie mir ihre Zeit gewidmet und ihr Fachwissen und ihre Erfahrungen mit mir geteilt haben.

Margaret Frisbie, Mika Alber und den Friends of the Chicago River, die mich zu einem wunderbaren Abenteuer auf der City Living mitnahmen, danke ich, dass sie mir zu verstehen halfen, wie die asiatischen Karpfen in die Vereinigten Staaten kamen und wie sie sich dort ausbreiten. Mein Dank gilt auch Chuck Shea, Kevin Irons, Philippe Parola, Clint Carter, Duane Chapman, Robin Calfee, Anita Kelly, Drew Mitchell und Mike Freeze. Tracy Seidemann, die Biologen des Illinois Department of Natural Resources und dessen Vertragsfischer ertrugen geduldig mich und meine endlosen Fragen.

Owen Bordelon flog mich freundlicherweise (und gekonnt) über Plaquemines Parish, und David Muth und Jacques Hebert halfen mir, diesen Flug zu ermöglichen. Clint Wilson, Rudy Simoneaux, Brad Barth, Alex Kolker, Boyo Billiot, Chantel Comardelle, Jeff Hebert, Joe Harvey und Chuck Perrodin machten mich sachkundig mit den komplexen Lebensbedingungen am Mississippi vertraut.

Besonderen Dank verdienen die Menschen, die sich für das Überleben der Wüstenfische in den Vereinigten Staaten einsetzen. Kevin Wilson, Jenny Gumm, Olin Feuerbacher, Ambre Chaudoin, Jeff Goldstein und Brandon Senger danke ich, dass sie mich zur Wüstenkärpfling-Zählung im Devils Hole mitgenommen haben. Kevon Guadalupe zeigte mir Nevadas Pahrump-Killifische, die es ohne sein Engagement vielleicht schon gar nicht mehr gäbe, und bei Susan Sorrells lernte ich Shoshone-Wüstenkärpflinge kennen, die sie mit hohem Arbeitseinsatz lebendig erhalten hat. Kevin Brown verdanke ich Einblicke in seine Geschichte des Devils Hole.

Ruth Gates verstarb, während ich an diesem Buch arbeitete. Ich empfinde es als großes Glück, dass ich Zeit mit ihr auf Moku o Lo'e verbringen und ihre Unterstützung erfahren durfte, als ich mit diesem Projekt noch ganz am Anfang stand. Besonderen Dank schulde ich auch Madeleine van Oppen und all den anderen engagierten Meeresbiologen, die ich während meiner Australienreise traf, namentlich Kate Quigley, David Wachenfeld, Annie Lamb, Patrick Buerger und Wing Chan. Außerdem danke ich Paul Hardisty und Marie Roman.

Mark Tizard und Caitlin Cooper empfingen mich mit unglaublicher Großzügigkeit, als ich sie in Geelong aufsuchte. Als ebenso großzügig erwies sich Paul Thomas bei meinem Besuch in Adelaide. Gentechnik ist ein außerordentlich komplexes Thema, daher danke ich allen dreien, dass sie mir ihre Arbeit so geduldig erklärt haben. Lin Schwarzkopf nahm mich freundlicherweise mit auf Krötenjagd. Mein Dank gilt auch Royden Saah von der Gruppe GBIRd und Luana Maroja vom Williams College, die mich mit den Feinheiten des Gene Drive vertraut machte.

Ich hatte großes Glück, dass ich trotz der coronabedingten Einschränkungen mit Edda Aradottír das Hellisheiði-Kraftwerk besichtigen durfte. Ich danke ihr und Ólöf Baldursdottír, die mir diesen Besuch ermöglicht haben. Klaus Lackner war ein wunderbarer Gastgeber, als ich ihn an der Arizona State University traf. Jan Wurzbacher, Louise Charles und Paul Ruser widmeten mir bei meinem Besuch in Zürich großzügig ihre Zeit. Mein Dank gilt auch Oliver Geden, Zeke Hausfather und Magnús Bernhardsson.

Nur wenige Tage bevor der Campus der Harvard University wegen des Corona-Virus geschlossen wurde, hatte ich Gelegenheit, dort mit Frank Keutsch, David Keith und Dan Schrag zu sprechen. Ihnen allen möchte ich danken, dass sie sich die Zeit genommen haben, mit mir die komplexen – technischen und ethischen – Probleme des Solar-Geoengineering durchzugehen. Mein Dank gilt auch Allison Macfarlane, die eher zufällig zu einem Auftritt in diesem Buch gekommen ist, wie auch Lizzie Burns, Zhen Dai, Sir David King, Andy Parker, Gernot Wagner, Janos Pasztor und Cynthia Scharf.

Auf Umwegen verdankt dieses Buch seine Entstehung meinem Besuch bei dem Bohrprojekt North GRIP, als es noch existierte. Ich danke J.P. Steffensen, Dorthe Dahl-Jensen, Richard Alley und den zahlreichen unerschrockenen Glaziologen, die daran arbeiten, die Vergangenheit und Zukunft des grönländischen Eisschildes zu verstehen. Mein Dank gilt auch Ned Kleiner, meinem Lieblingsklimaforscher, der wesentliche Kapitel dieses Buches las und kommentierte, und Aaron und Matthew Kleiner, die in letzter Minute wichtige Ratschläge beitrugen.

Der Alfred P. Sloan Foundation danke ich für ihre großzügige finanzielle Unterstützung, die meine Recherchen und Reisen für dieses Buch ermöglichte und es mir erlaubte, von Orten zu berichten, die ich sonst wohl nicht hätte besuchen können. Einen Monat lang arbeitete ich 2019 im Bellagio Center der Rockefeller Foundation an diesem Projekt – in einer unglaublichen Umgebung und in inspirierender Gesellschaft. Teile dieses Buches schrieb ich, während ich als Fellow am Center for Environmental Studies des William College tätig war – mein herzlicher Gruß geht an die dortigen Studierenden und Lehrkräfte. Besonderer Dank gilt Walter Ford, dessen Riesenalk mir in düsteren Zeiten eine Inspiration war.

Viele haben in einem knappen Zeitrahmen daran mitgewirkt, aus dem von mir abgelieferten Manuskript ein Buch zu machen. Ihnen allen danke ich herzlich: Caroline Wray, Simon Sullivan, Evan Camfield, Kathy Lord, Janice Ackerman, Alicia Cheng, Sarah Gephart, Ian Keliher und dem Team von MGMT Design. Dank schulde ich auch Julie Tate, die mehrere Kapitel auf sachliche Richtigkeit prüfte, und dem Faktenüberprüfungsteam bei *The New Yorker*. Für etwaige verbliebene Fehler übernehme ich allein die Verantwortung.

Teile dieses Buches erschienen vorab in *The New Yorker*. Für ihren Rat und ihre Unterstützung in diesen vielen Jahren danke ich David Remnick, Dorothy Wickenden, John Bennet und Henry Finder.

Trotz aller Schwierigkeiten, die sich während der Arbeit an diesem Projekt ergaben, verlor Gillian Blake nie den Glauben daran. Ich kann ihr gar nicht genug danken für ihre Ermutigung, ihren redaktionellen Rat und ihr gutes Urteilsvermögen. Kathy Robbins war mir, wie immer, eine großartige Freundin. Eine Autorin könnte sich keine aufmerksamere Leserin und keine engagiertere Fürsprecherin wünschen.

Abschließend möchte ich meinem Mann John Kleiner danken. Dieses Buch ist zur Hälfte seinem Kopf entsprungen, um es mit Darwin zu sagen, und ich weiß gar nicht, wie ich das angemessen würdigen soll. Ohne sein Verständnis, seinen Enthusiasmus und seine Bereitschaft, immer wieder einen neuen Entwurf zu lesen, wäre keine einzige Seite zustande gekommen.

Anmerkungen

Kapitel 1

1 Mark Twain, *Life on the Mississippi*, New York 2001, S. 54; dt.: *Leben auf dem Mississippi*, Frankfurt am Main 1977, S. 60.

2 Joseph Conrad, *Heart of Darkness and The Secret Sharer*, New York 1950; dt.: *Das Herz der Finsternis*, München 2005, S. 57.

3 »Water in Chicago River Now Resembles Liquid«, in: *The New York Times* (14. Januar 1900), S. 14.

4 Libby Hill, *The Chicago River: A Natural and Unnatural History*, Chicago 2000, S. 127.

5 Ebd., S. 133.

6 Roger LeB. Hooke und José F. Martín-Duque, »Land Transformation by Humans: A Review«, in: *GSA Today* 22 (2012), S. 4-10.

7 Katy Bergen, »Oklahoma Earthquake Felt in Kansas City and as Far as Des Moines and Dallas«, in: *The Kansas City Star* (3. September 2016); online verfügbar unter: {https://www.kansascity.com/news/local/article99785512.html} (alle Internetquellen Stand März 2021).

8 Yinon M. Bar-On, Rob Phillips und Ron Milo, »The Biomass Distribution on Earth«, in: *Proceedings of the National Academy of Sciences* 115 (2018), S. 6506-6511.

9 »Historical Vignette 113 – Hide the Development of the Atomic Bomb«, U. S. Army Corps of Engineers Headquarters; online verfügbar unter: {https://www.usace.army.mil/About/History/Historical-Vignettes/Military-Construction-Combat/113-Atomic-Bomb/}.

10 Philip B. Moy, Charles B. Shea, John M. Dettmers und Irwin Polls, »Chicago Sanitary and Ship Canal Aquatic Nuisance Species Dispersal Barriers«; online verfügbar unter: {http://glpf.org/funded-projects/aquatic-nuisance-species-dispersal-barrier-for-the-chicago-sanitary-and-ship-canal/}.

11 Zit. n. Thomas Just, »The Political and Economic Implications of the Asian Carp Invasion«, in: *Pepperdine Policy Review* 4 (2011); online verfügbar unter: {http://digitalcommons.pepperdine.edu/ppr/vol4/iss1/3}.

12 Patrick M. Kočovský, Duane C. Chapman und Song Qian, »›Asian Carp‹ Is Societally and Scientifically Problematic. Let's Replace It«, in: *Fisheries* 43 (2018), S. 311-316.

13 Die Zahlen stammen aus *China Fisheries Yearbook 2016*, zit. n. Louis Harkell,

»China Claims 69 m Tons of Fish Produced in 2016«, in: *Undercurrent News* (19. Januar 2017); online verfügbar unter: {http://undercurrentnews.com/2017/01/19/ministry-of-agriculture-china-produced-69m-tons-of-fish-in-2016/}.

14 William Souder, *On a Farther Shore: The Life and Legacy of Rachel Carson*, New York 2012, S. 280.

15 Rachel Carson, *Silent Spring*, Boston 2002; dt.: *Der stumme Frühling*, München 2013, S. 298 und 278.

16 Andrew Mitchell und Anita M. Kelly, »The Public Sector Role in the Establishment of Grass Carp in the United States«, in: *Fisheries* 31 (2006), S. 113-121.

17 Anita M. Kelly, Carole R. Engle, Michael L. Armstrong, Mike Freeze und Andrew J. Mitchell, »History of Introductions and Governmental Involvement in Promoting the Use of Grass, Silver, and Bighead Carps«, in: Duane C. Chapman und Michael H. Hoff (Hg.), *Invasive Asian Carps in North America*, Bethesda 2011, S. 163-174.

18 Henry David Thoreau, *A Week on the Concord and Merrimack Rivers*, New York 1998, S. 31; auch dt.: *Ich befuhr einen Fluss bei günstigen Winden*, Berlin 2013.

19 Duane C. Chapman, »Facts About Invasive Bighead and Silver Carps«, Publikation des United States Geological Survey; online verfügbar unter: {https://pubs.usgs.gov/fs/2010/3033/pdf/FS2010-3033.pdf}.

20 Dan Egan, *The Death and Life of the Great Lakes*, New York 2017, S. 156.

21 Dan Chapman, »A War in the Water«, U. S. Fish and Wildlife Service, Southeast Region (19. März 2018); online verfügbar unter: {https://fws.gov/southeast/articles/a-war-in-the-water/}.

22 Egan, *The Death and Life of the Great Lakes*, S. 177.

23 Zit. n. Tom Henry, »Congressmen Urge Aggressive Action to Block Asian Carp«, in: *The Blade* (21. Dezember 2009); online verfügbar unter: {https://www.toledoblade.com/local/2009/12/21/Congressmen-urge-aggressive-action-to-block-Asian-carp/stories/200912210014}.

24 »Lawsuit Against the U. S. Army Corps of Engineers and the Chicago Water District«, Department of the Michigan Attorney General; online verfügbar unter: {https://www.michigan.gov/ag/0,4534,7-359-82915_82919_82129_82135-447414--,00.html}.

25 »The Great Lakes and Mississippi River Interbasin Study (GLMRIS Report)«; online verfügbar unter: {https://glmris.anl.gov/glmris-report/}.

26 Eine Liste der (nach aktuellstem Stand) 187 invasiven Arten in den Großen Seen ist verfügbar unter: {https://glerl.noaa.gov/glansis/GLANSISposter.pdf}.

27 Phil Luciano, »Asian Carp More Than a Slap in the Face«, in: *Peoria Journal Star* (21. Oktober 2003).

28 Doug Fangyu, »Asian Carp: Amerincans' Poison, Chinese People's Deli-

cacy«, in: *China Daily USA* (13. Oktober 2014); online verfügbar unter:
{http://usa.chinadaily.com.cn/epaper/2014-10/13/content_18730596.htm}.

Kapitel 2

1 Amy Wold, »Washed Away: Locations in Plaquemines Parish Disappear from Latest NOAA Charts«, in: *The Advocate* (29. April 2013); online verfügbar unter: {https://theadvocate.com/baton_rouge/news/article_f60d4d55-e 26b-52c0-b9bb-bed2ae0b348c.html}.

2 Zit. n. John McPhee, *The Control of Nature*, New York 1990, S. 26.

3 Liviu Giosan und Angelina M. Freeman, »How Deltas Work: A Brief Look at the Mississippi River Delta in a Global Context«, in John W. Day, G. Paul Kemp, Angelina M. Freeman und David P. Muth (Hg.), *Perspectives on the Restauration of the Mississippi Delta*, Dordrecht, NL, 2014, S. 30.

4 T. S. Eliot, »Dry Salvages«, in: ders., *Vier Quartette/Four Quartets*, engl.-dt., Berlin 2015, S. 45.

5 Die Zeile »That he not busy being born is busy dying« stammt aus dem Song »It's Alright, Ma (I'm only bleeding)«, siehe Bob Dylan, *Lyrics 1962-2001. Sämtliche Songtexte*, engl.-dt., Hamburg 2004, S. 312 ff.

6 Christopher Morris, *The Big Muddy: An Environmental History of the Mississippi and Its Peoples from Hernando de Soto to Hurricane Katrina*, Oxford 2012, S. 42.

7 Zit. n. ebd., S. 45.

8 Zit. n. ebd.

9 Zit. n. Lawrence N. Powell, *The Accidental City: Improvising New Orleans*, Cambridge, Mass., 2012, S. 49.

10 Morris, *The Big Muddy*, S. 61.

11 John M. Barry, *Rising Tide: The Great Mississippi Flood of 1927 and How It Changed America*, New York 1997, S. 40.

12 Donald W. Davis, »Historical Perspective on Crevasses, Levees, and the Mississippi River«, in: Carig E. Colten (Hg.), *Transforming New Orleans and Its Environs*, Pittsburgh 2000, S. 87.

13 Zit. n. Richard Campanella, »Long before Hurricane Katrina, There Was Sauve's Crevasse, One of the Worst Floods in New Orleans History«, nola. com (11. Juni 2014); online verfügbar unter: {https://nola.com/enter tainmen_life/home_garden/article_ea927b6b-d1ab-5462-9756-ccb1acdf 092e.html}.

14 Zu einem vollständigen Überblick über Dammbrüche am Mississippi von 1773 bis 1927 siehe Davis, »Historical Perspective on Crevasses, Levees, and the Mississippi River«, S. 95.

15 Ebd., S. 100.

16 Die Schätzungen zu den Schäden, die diese Flut von 1927 anrichtete, gehen sehr weit auseinander, einige reichen bis zu einer Milliarde Dollar (nahezu 15 Milliarden Dollar nach heutigem Wert).

17 Zit. n. Christine A. Klein und Sandra B. Zellmer, *Mississippi River Tragedies: A Century of Unnatural Disaster*, New York 2014, S. 76.

18 Dabney O. Elliott, *The Improvement of the Lower Mississippi River for Flood Control and Navigation*, Bd. 2, Vicksburg 1932, S. 326.

19 Der Auszug ist entnommen aus Michael C. Robinson, *The Mississippi River Commission: An American Epic*, Vicksburg 1989.

20 Davis, »Historical Perspective on Crevasses, Levees, and the Mississippi River«, S. 85.

21 John Snell, »State Takes Soil Samples at Site of Largest Coastal Restoration Project, Despite Plaquemines Parish Opposition«, Fox8live (zuletzt aktualisiert am 23. August 2018); online verfügbar unter: {https://fox8live.com/ story/38615453/state-takes-soil-samples-at-site-of-largest-coastal-restoration-project-despite-plaquemines-parish-opposition/}.

22 Cathleen E. Jones et al., »Anthropogenic and Geological Influences on Subsidence in the Vicinity of New Orleans, Louisiana«, in: *Journal of Geophysical Research: Solid Earth* 121 (2016), S. 3867-3887.

23 Thomas Ewing Dabney, »New Orleans Builds Own Underground River«, in: *New Orleans Item* (2. Mai 1920), S. 1.

24 Jack Shafer, »Don't Refloat: The Case against Rebuilding the Sunken City of New Orleans«, in: *Slate* (7. September 2005); online verfügbar unter: {https://slate.com/news-and-politics/2005/09/the-case-against-rebuilding-the-sunken-city-of-new-orleans.html}.

25 Klaus Jacob, »Time for a Tough Question: Why Rebuild?«, in: *The Washington Post* (6. September 2005).

26 Zu den Berichten der Bring New Orleans Back Commission, eingesetzt von Bürgermeister Ray Nagin, siehe: {http://www.columbia.edu/itc/journa lism/cases/katrina/city_of_new_orleans_bnobc.html}.

27 Mark Schleifstein, »Price of Now-Completed Pump Stations at New Orleans Outfall Canals Rises by $ 33,2 Million«, in: *New Orleans Times-Picayune* (zuletzt aktualisiert am 12. Juli 2019); online verfügbar unter: {https:// www.nola.com/news/environment/article_7734dae6-c1c9-559b-8b94-7a 9cef8bb6d8.html}.

28 Klein/Zellmer, *Mississippi River Tragedies*, S. 144.

29 Wie stark Feuchtgebiete Sturmfluten abpuffern, ist stark umstritten. Die hier angegebene Schätzung zit. n. ebd., S. 141.

30 Horaz, *Horazens Episteln. Erstes Buch*, Leipzig 1856, 1.10.24 f., S. 31.

31 Zur Geschichte der Biloxi, Chitimacha und Choctaw der Isle de Jean Charles sowie zum aktuellen Stand des Umsiedlungsplans siehe: {https:// www.isledejeancharles.com}.

32 Die Kosten für das Morganza to the Gulf Project ändern sich ständig. Die hier angegebenen Zahlen stammen aus den ausgehenden neunziger Jahren, als das Army Corps of Engineers beschloss, die Isle de Jean Charles nicht in das Deichsystem einzubeziehen.

33 McPhee, *The Control of Nature*, S. 50.

34 Ebd., S. 69.

Kapitel 3

1 Zu Manlys Zeit hatte der Berg noch keinen offiziellen Namen bekommen; zu seinem vermutlichen Standort siehe Richard E. Lingenfelter, *Death Valley and the Amargosa: A Land of Illusion*, Berkeley 1986, S. 42.

2 William L. Manly, *Death Valley in '49: The Autobiography of a Pioneer*, Reprint, Santa Barbara 2001, S. 105.

3 Lingenfelter, *Death Valley and the Amargosa*, S. 34 f.

4 Manly, *Death Valley in '49*, S. 106.

5 Ebd., S. 99.

6 Ebd., S. 113.

7 Zit. n. James E. Deacon und Cynthia Deacon Williams, »Ash Meadows and the Legacy of the Devils Hole Pulpfish«, in: Wendell L. Minckley und James E. Deacon (Hg.), *Battle Against Extinction: Native Fish Management in the American West*, Tuscon 1991, S. 69.

8 Manly, *Death Valley in '49*, S. 107.

9 Christopher J. Norment, *Relics of a Beatiful Sea: Survival, Extinction, and Conservation in a Desert World*, Chapel Hill 2014, S. 110.

10 Das Video der Überwachungskameras wurde zusammen mit einem Bericht von Veronica Rocha im Internet veröffentlicht, siehe Veronica Rocha, »3 Men Face Felony Charges in Killing of Endangered Pupfish in Death Valley«, in: *Los Angeles Times* (13. Mai 2016); online verfügbar unter: {https://latimes.com/local/lanow/la-me-ln-pupfish-charges-20160513-snap-story.html}.

11 Paige Blankenbuehler, »How a Tiny Endangered Species Put a Man in Prison«, in: *High Country News* (15. April 2019).

12 Diese Berechnung basiert auf Zahlen von Norment, *Relics of a Beatiful Sea*, S. 120.

13 Manly, *Death Valley in '49*, S. 13.

14 Ebd., S. 64.

15 Henry David Thoreau, *Thoreau's Journals*, Bd. 20, Eintrag vom 23. März 1856, Transkript online verfügbar unter: {http://thoreau.library.ucsb.edu/writings_journals20.html}.

16 Joel Greenberg, *A Feathered River Across the Sky: The Passenger Pigeon's Flight to Extinction*, New York 2014, S. 152-155.

17 William T. Hornaday, *The Extermination of the American Bison with a Sketch of Its Discovery and Life History*, Washington, D.C., 1889, S. 387.

18 Ebd., S. 525.

19 Aldo Leopold, *A Sand County Almanac*, New York 1970; dt.: *Ein Jahr im Sand County*, Berlin 2019, S. 114.

20 Anthony D. Barnosky et al., »Has the Earth's Sixth Mass Extinction Already Arrived?«, in: *Nature* 471 (2011), S. 51-57.

21 Die von der U.S. North American Bird Conservation Initiative erstellte Liste ist online verfügbar unter: {https://allaboutbirds.org/news/state-of-the-birds-2014-common-birds-in-steep-decline-list/}.

22 Caspar A. Hallmann et al., »More than 75 Percent Decline over 27 Years in Total Flying Insect Biomasse in Protected Areas«, in: *PLoS ONE* 12 (2017); online verfügbar unter: {https://journals.plos.org/plosone/article?id=10.1371/journal.pone.0185809}.

23 John Donne, »The Bait«, dt.: »Der Köder«, in: ders., *Erleuchte, Dame, unsere Finsternis*, Frankfurt am Main 2009, S. 33.

24 Colin N. Waters et al., »Global Boundary Stratotype Section and Point (GSSP) for the Anthropocene Series: Where and How to Look for Potential Candidates«, in: *Earth-Science Reviews* 178 (2018), S. 379-429.

25 Proclamation 2961, 17 Fed.Reg. 691 (23. Januar 1952).

26 Zu einer vollständigen Liste der Atomwaffentests nach Datum siehe U.S. Department of Energy, National Nuclear Safety Administration Nevada Field Office, *United States Nuclear Tests: July 1945 through September 1992*, Alexandria, U.S. Department of Commerce, 2015; online verfügbar unter: {http://nnss.gov/docs/docs_LibraryPublications/DOE_NV-209_Rev16.pdf}.

27 Der Plan ist beschrieben in Kevin C. Brown, *Recovering the Devils Hole Pupfish: An Environmental History*, National Park Service 2017, S. 315. Der Autor stellte mir freundlicherweise eine elektronische Kopie dieser Geschichte bereit.

28 Ebd., S. 142.

29 Ebd., S. 145.

30 Ebd., S. 139.

31 Ebd., S. 303.

32 Edward Abbey, *Desert Solitaire: A Season in the Wilderness*, Repr. New York 1990; dt.: *Die Einsamkeit der Wüste: Eine Zeit in der Wildnis*, Berlin 2016, S. 164.

33 Abbey, *Die Einsamkeit der Wüste*, S. 38.

34 Norment, *Relicts of a Beatiful Sea*, S. 3f.

35 Stanley D. Gehrt, Justin L. Brown und Chris Anchor, »Is the Urban Coyote a Misanthropic Synanthrope: The Case from Chicago«, in: *Cities and the Environment* 4 (2011); online verfügbar unter: {https://digitalcommons.lmu.edu/cate/vol4/iss1/3/}.

36 Zur aktuellen Liste der »möglicherweise ausgestorbenen« Tierarten siehe: {https://iucnredlist.org/statistics}.

37 J. Michael Scott et al., »Recovery of Imperiled Species under the Endangered Species Act: The Need for a New Approach«, in: *Frontiers in Ecology and the Environment* 3 (2005), S. 383-389.

38 Henry David Thoreau, *Walden*, Repr. Oxford 1997, S. 10; dt.: *Walden oder Leben in den Wäldern*, Zürich 2014, S. 24.

39 Mary Austin, *The Land of Little Rain*, Repr. Mineola 2015, S. 61.

40 Robert R. Miller, James D. Williams und Jack E. Williams, »Extinctions of North American Fishes During the Past Century«, in: *Fisheries* 14 (1989), S. 22-38.

41 Edwin Philip Pister, »Species in a Bucket«, in: *Natural History* (Januar 1993), S. 18.

42 C. Moon Reed, »Only You Can Save the Pahrump Poolfish«, in: *Las Vegas Weekly* (9. März 2017); online verfügbar unter: {https://lasvegasweekly.com/news/2017/mar/09/pahrump-poolfish-lake-harriet-spring-mountain/}.

43 John R. McNeill, *Something New Under the Sun: An Environmental History of the Twentieth-Century World*, New York 2000, S. 194.

Kapitel 4

1 Richard B. Aronson und William F. Precht, »White-Band Disease and the Changing Face of Carribean Coral Reefs«, in: *Hydrobiologie* 400 (2001), S. 25-38.

2 Alexandra Witze, »Corals Worldwide Hit by Bleaching«, in: *Nature* (8. Oktober 2015); online verfügbar unter: {https://www.nature.com/news/corals-worldwide-hit-by-bleaching-1.18527}.

3 Jacob Silverman et al., »Coral Reefs May Start Dissolving When Atmospheric CO_2 Doubles«, in: *Geophysical Research Letters* 36 (2009); online verfügbar unter {https://agupubs.onlinelibrary.wiley.com/doi/full/10.1029/2008GL03 6282}.

4 Ove Hoegh-Guldberg et al., »Coral Reefs Under Rapid Climate Change and Ocean Acidification«, in: *Science* 318 (2007), S. 1737-1742.

5 Charles Darwin, »Reise eines Naturforschers um die Welt«, in: ders., *Gesammelte Werke*, S. 277, Eintragung vom 20. Oktober 1835.

6 Ebd., S. 329.

7 Janet Browne, *Charles Darwin: Voyaging*, New York 1995, S. 437.

8 Charles Darwin, *On the Origin of Species: A Facsimile of the First Edition*, Cambridge, Mass., 1964; dt.: *Über die Entstehung der Arten*, in: ders., *Gesammelte Werke*, Frankfurt am Main 2009, S. 417.

9 Aus »Epitaph for a Favourite Tumbler Who Died Aged Twelve«, gezeichnet

mit Columba; online verfügbar unter: {http://www.darwinspigeons.com/victorian-pigeon-poems/4535732923}.

10 Das schrieb Darwin in einem Brief an seinen Freund Thomas Eyton, zit. n. Browne, *Charles Darwin*, S. 525.

11 Darwin, *Über die Entstehung der Arten*, S. 377f.

12 Ebd., S. 431f.

13 Bill McKibben, *The End of Nature*, New York 1989; dt.: *Das Ende der Natur*, München, Zürich 1992.

14 Diese Zahl stammt von dem Forscher Neal Cantin, den ich am 15. November 2019 im National Sea Simulator interviewte.

15 Robinson Meyer, »Since 2016, Half of All Coral in the Great Barrier Reef Has Died«, in: *The Atlantic* (18. April 2018); online verfügbar unter: {https://theatlantic.com/science/archive/2018/04/since-2016-half-the-coral-in-the-great-barrier-reef-has-perished/558302/}.

16 Terry P. Hughes et al., »Global Warming Transforms Coral Reef Assemblages«, in: *Nature* 556 (2018), S. 492-496.

17 Mark D. Spalding, Corinna Ravilious und Edmund P. Green, *World Atlas of Coral Reefs*, Berkeley 2001, S. 27.

18 Ebd., S. 27.

19 Laetitia Plaisance et al., »The Diversity of Coral Reefs: What Are We Missing?«, in: *PLoS ONE* 6 (2011); online verfügbar unter: {https://doi.org/10.1371/journal.pone.0025026}.

20 Nancy Knowlton, »The Future of Coral Reefs«, in: *Proceedings of the National Academy of Sciences* 98 (2001), S. 5419-5425.

21 Richard C. Murphy, *Coral Reefs: Cities under the Sea*, Princeton 2002, S. 33.

22 Great Barrier Reef Marine Park Authority, *Great Barrier Reef Outlook Report 2019*, Townsville, Australien, 2019, S. VI. Der vollständige Bericht ist online verfügbar unter: {http://elibrary.gbrmpa.gov.au/jspui/handle/11017/3474/}.

23 »Adani Gets Final Environmental Approval for Carmichael Mine«, Australian Broadcasting Corporation News (zuletzt aktualisiert am 13. Juni 2019); online verfügbar unter: {https://www.abc.net.au/news/2019-06-13/adani-carmichael-coal-mine-approved-water-management-galilee/11203208}.

24 Jeff Goodell, »The World's Most Insane Energy Project Moves Ahead«, in: *Rolling Stone* (14. Juni 2019); online verfügbar unter: {https://rollingstone.com/politics/politics-news/adani-mine-australia-climate-change-848315/}.

25 Darwin, *Über die Entstehung der Arten*, S. 691.

26 Ebd.

Kapitel 5

1 Josiah Zayner, »How to Genetically Engineer a Human in Your Garage – Part I«; online verfügbar unter {http://www.josiahzayner.com/2017/01/genetic-designer-part-i.html}.

2 Jennifer A. Doudna und Samuel H. Sternberg, *A Crack in Creation: Gene Editing and the Unthinkable Power to Control Evolution*, Boston 2017; dt.: *Eingriff in die Evolution: Die Macht der CRISPR-Technologie und die Frage, wie wir sie nutzen wollen*, Berlin 2018, S. 119.

3 Waring Trible et al., »*Orco* Mutagenesis Causes Loss of Antennal Lobe Glomeruli and Impaired Social Behavior in Ants«, in: *Cell* 170 (2017), S. 727-735.

4 Peiyan Qiu et al., »BMAL1 Knockout Macaque Monkeys Display Reduced Sleep and Psychiatric Disorders«, in: *National Science Review* 6 (2019), S. 87-100.

5 Seth L. Shipman et al., »CRISPR-Cas Encoding of a Digital Movie into the Genomes of a Population of Living Bacteria«, in: *Nature* 547 (2017), S. 345-349.

6 Einige Monate nach meinem Besuch wurde das Labor umbenannt in Australian Centre for Disease Preparedness.

7 U.S. Fish and Wildlife Service, »Cane Toad (*Rhinella marina*) Ecological Risk Screening Summary«, Internetversion vom 5. April 2018; online verfügbar unter: {https://fws.gov/fisheries/ans/erss/highrisk/ERSS-Rhinella-marina-final-April2018.pdf}.

8 Louis A. Somma, »Rhinella marina (Linnaeus 1758)«, Geological Survey, *Non-indigenous Aquatic Species Database*, überarbeitete Version vom 11. April 2019; online verfügbar unter: {https://nas.er.usgs.gov/queries/FactSheet.aspx?SpeciesID=48}.

9 Rick Shine, *Cane Toad Wars*, Oakland 2018, S. 7.

10 Byron S. Wilson et al., »Cane Toads a Threat to West Indian Wildlife: Mortality of Jamaican Boas Attributable to Toad Ingestion«, in: *Biological Invasions* 13 (2011); online verfügbar unter: {https://link.springer.com/article/10.1007/s10530-010-9787-7}.

11 Shine, *Cane Toad Wars*, S. 21.

12 Benjamin L. Phillips et al., »Invasion and the Evolution of Speed in Toads«, in: *Nature* 439 (2006), S. 803.

13 Karen Michelmore, »Super Toad«, in: *Northern Territory News* (16. Februar 2006), S. 1.

14 Shine, *Cane Toad Wars*, S. 4; siehe auch »The Biological Effects, Including Lethal Toxic Ingestion, Caused by Cane Toads (Bufo marinus): Advice to the Minister for the Environment and Heritage from the Threatened Species Scientific Committee (TSSC) on Amendments to the List of Key Threaten-

ing Processes under the Environment Protection and Biodiversity Conservation Act 1999 (EPBC Act)« (12. April 2005); online verfügbar unter: {https://environment.gov.au/biodiversity/threatened/key-threatening-processes/biological-effects-cane-toads}.

15 House of Representatives Standing Committee on the Environment and Energy, *Cane Toads on the March: Inquiry into Controlling the Spread of Cane Toads*, Canberra 2019, S. 32.

16 Robert Capon, »Inquiry into Controlling the Spread of Cane Toads, Submission 8« (Februar 2019); online verfügbar unter: {https://aph.gov.au/Parliamentary_Business/Committees/House/Environment_and_Energy/Canetoads/Submissions}.

17 Naomi Indigo et al., »Not Such Silly Sausages: Evidence Suggests Northern Quolls Exhibit Aversion to Toads after Training with Toad Sausages«, in: *Austral Ecology* 43 (2018), S. 592-601.

18 Austin Burt und Robert Trivers, *Genes in Conflict: The Biology of Selfish Genetic Elements*, Cambridge, Mass., 2006, S. 4 f.

19 Ebd., S. 3.

20 Ebd., S. 13 f.

21 James E. DiCarlo et al., »Safeguarding CRISPR-Cas9 Gene Drives in Yeast«, in: *Nature Biotechnology* 33 (2015), S. 1250-1255.

22 Valentino M. Gantz und Ethan Bier, »The Mutagenic Chain Reaction: A Method for Converting Heterozygous to Homozygous Mutations«, in: *Science* 348 (2015), S. 442 ff.

23 Wären die Fruchtfliegen mit Gene Drive in die freie Natur entkommen, hätten sie nach Doudnas und Sternbergs Einschätzung das Gen für die Gelbfärbung an ein Fünftel bis die Hälfte aller Fruchtfliegen weltweit weitergeben können; Doudna/Sternberg, *Eingriff in die Evolution*, S. 149.

24 Siehe die Webseite von GBIRd: {https://geneticbiocontrol.org}.

25 Thomas A. A. Prowse et al., »Dodging Silver Bullets: Good CRISPR Gene-Drive Design Is Critical for Eradicating Exotic Vertebrates«, in: *Proceedings of the Royal Society B* 284 (2017); online verfügbar unter: {https://royalsocietypublishing.org/doi/10.1098/rspb.2017.0799}.

26 Richard P. Duncan, Alison G. Boyer und Tim M. Blackburn, »Magnitude and Variation of Prehistoric Bird Extinctions in the Pacific«, in: *Proceedings of the National Academy of Sciences* 110 (2013), S. 6436-6441.

27 Elizabeth A. Bell, Brian D. Bell und Don V. Merton, »The Legacy of Big South Cape: Rat Irruption to Rat Eradication«, in: *New Zealand Journal of Ecology* 40 (2016), S. 212-218.

28 Lee M. Silver, *Mouse Genetics: Concepts and Applications*, Oxford 1995, für das Internet angepasst von Mouse Genomics Informatics, The Jackson Laboratory (aktualisiert im Januar 2008); online verfügbar unter: {http://informatics.jax.org/silver/}.

29 Alex Bond, »Mice Wreak Havoc for South Atlantic Seabirds«, in: *British Or-nithologist's Union*; online verfügbar unter: {https://bou.org.uk/blog-bond-gough-island-mice-seabirds/}.

30 Rowan Jacobsen, »Deleting a Species«, in: *Pacific Standard* (Juni-Juli 2018) (aktualisiert am 7. September 2018); online verfügbar unter: {https://psmag.com/magazine/deleting-a-species-genetically-engineering-an-extinction}.

31 Jaye Sudweeks et al., »Locally Fixed Alleles: A Method to Localize Gene Drive to Island Populations«, in: *Scientific Reports* 9 (2019); online verfügbar unter: {https://doi.org/10.1038/s41598-019-51994-0}.

32 Bing Wu, Liqun Luo und Xiaoping J. Gao, »Cas9-Triggered Chain Ablation of *Cas9* as Gene Drive Brake«, in: *Nature Biotechnology* 34 (2016), S. 137f.

33 Siehe die Webseite von Revive & Restore: {https://reviverestore.org/projects/}.

34 Dr. Seuss, *The Cat in the Hat Comes Back*, New York 1958, S. 16.

35 Edward O. Wilson, *The Future of Life*, New York 2002, S. 53; dt.: *Die Zukunft des Lebens*, Berlin 2002, S. 77.

36 Edward O. Wilson, *Half-Earth: Our Planet's Fight for Life*, New York 2016, S. 51; dt.: *Die Hälfte des Lebens: Ein Planet kämpft um sein Leben*, München 2016, S. 60.

37 Paul Kingsnorth, »Life Versus the Machine«, in: *Orion* (Winter 2018), S. 28-33.

Kapitel 6

1 William F. Ruddiman, *Plows, Plagues, and Petroleum: How Humans Took Control of Climate*, Princeton 2005, S. 4.

2 Historische Emissionsdaten sind entnommen aus: Hannah Richtie und Max Roser, »CO$_2$ and Greenhouse Gas Emissions«, Our World in Data (Stand August 2020); online verfügbar unter: {https://ourworldindata.org/CO2-and-other-greenhouse-gas-emissions}.

3 Benjamin Cook, »Climate Change Is Already Making Droughts Worse«, CarbonBrief (14. Mai 2018); online verfügbar unter: {https://www.carbonbrief.org/guest-post-climate-change-is-already-making-droughts-worse}.

4 Kieran T. Bhatia et al., »Recent Increases in Tropical Cyclone Intensification Rates«, in: *Nature Communications* 10 (2019); online verfügbar unter: {https://doi.org/10.1038/s41467-019-08471-z}.

5 W. Matt Jolly et al., »Climate-Induced Variations in Global Wildfire Danger from 1979 to 2013«, in: *Nature Communications* 6 (2015); online verfügbar unter: {https://doi.org/10.1038/ncomms8537}.

6 Andrew Shepherd et al., »Mass Balance of the Antarctic Ice Sheet from 1992 to 2017«, in: *Nature* 558 (2018), S. 219-222.

7 Curt D. Storlazzi et al., »Most Atolls Will Be Uninhabitable by the Mid-21st Century Because of Sea-Level Rise Exacerbating Wave-Driven Flooding«, in: *Science Advances* 25 (2018); online verfügbar unter: {https://advances.science mag.org/content/4/4/eaap9741}.

8 Für den vollständigen Text des Abkommens in deutscher Übersetzung siehe: {https://www.bmu.de/fileadmin/Daten_BMU/Download_PDF/Klima schutz/paris_abkommen.bf.pdf}.

9 Es gibt viele Berechnungsweisen, wie viel CO_2 noch emittiert werden darf, wenn die Erderwärmung unter 1,5 oder 2 Grad Celsius bleiben soll. Ich verwende die Zahlen des Mercator Research Institute on Global Commons and Climate« Change zum »verbleibenden Kohlenstoffbudget«; online verfügbar unter: {https://mcc-berlin.net/forschung/CO2-budget.html}.

10 Klaus S. Lackner und Christopher H. Wendt, »Exponential Growth of Large Self-Reproducing Machine Systems«, in: *Mathematical and Computer Modelling* 21 (1995), S. 55-81.

11 Wallace S. Broecker und Robert Kunzig, *Fixing Climate: What Past Climate Changes Reveal About the Current Threat – and How to Counter It*, New York 2008, S. 205.

12 Klaus S. Lackner und Christophe Jospe, »Climate Change Is a Waste Management Problem«, in: *Issues in Science and Technology* 33 (2017); online verfügbar unter: {https://issues.org/climate-change-is-a-waste-management-problem/}.

13 Ebd.

14 Chris Mooney, Brady Dennis und John Muyskens, »Global Emissions Plunged an Unprecedented 17 Percent during Coronavirus Pandemic«, in: *The Washington Post* (19. Mai 2020); online verfügbar unter: {https://www. washingtonpost.com/climate-environment/2020/05/19/greenhouse-emis sions-coronavirus/?arc404=true}.

15 Einzelne Kohlenstoffmoleküle wandern ständig zwischen Atmosphäre und Meeren sowie zwischen diesen beiden und der Pflanzenwelt hin und her. Aber die CO_2-Anteile in der Atmosphäre werden von wesentlich langsameren Prozessen gesteuert. Zu einer umfassenderen Erörterung siehe Doug Mackie, »CO_2 Emissions Change Our Atmosphere for Centuries«, in: *Skeptical Science* (zuletzt aktualisiert am 5. Juli 2015); online verfügbar unter: {https://skepticalscience.com/argument.php?p=1&t=77&&a=80}.

16 Sämtliche Zahlen zu den aggregierten Emissionen sind entnommen aus Hannah Ritchie, »Who Has Contributed Most to Global CO_2 Emissions?«, Our World in Data (1. Oktober 2019); online verfügbar unter: {https://our worldindata.org/contributed-most-global-CO2}.

17 Übereinkommen von Paris, Artikel 4.4.

18 Sabine Fuss et al., »Betting on Negative Emissions«, in: *Nature Climate Change* 4 (2014), S. 850 ff.

19 Joeri Rogelj et al., »Mitigation Pathways Compatible with 1,5 °C in the Context of Sustainable Development«, in: Valérie Masson-Delmotte et al. (Hg.), *Global Warming of 1,5 °C: An IPCC Special Report*, Intergovernmental Panel on Climate Change (8. Oktober 2018); online verfügbar unter: {https://ipcc.ch/site/assets/uploads/sites/2/2019/02/SR15_Chapter2_Low_Res.pdf}.

20 Die Emissionen von Flugreisen zu berechnen ist kompliziert, und so geben unterschiedliche Gruppen unterschiedliche Schätzungen für dieselbe Flugstrecke an. Ich stütze mich hier auf den Kohlenstoff-Flugkalkulator von {myclimate.org}.

21 Jean-François Bastin et al., »The Global Tree Restoration Potential«, in: *Science* 364 (2019), S. 76-79.

22 Katarina Zimmer, »Researchers Find Flaws in High-Profile Study on Trees and Climate«, in: *The Scientist* (17. Oktober 2019); online verfügbar unter: {https://the-scientist.com/news-opinion/researchers-find-flaws-in-high-profile-study-on-trees-and-climate–66587}.

23 Joseph W. Veldman et al., »Comment on ›The Global Tree Restoration Potential‹«, in: *Science* 366 (2029); online verfügbar unter: {https://science.sciencemag.org/content/366/6463/eaay7976}.

24 Ning Zeng, »Carbon Sequestration Via Wood Burial«, in: *Carbon Balance and Management* 3 (2008); online verfügbar unter: {https://doi.org/10.1186/1750-0680-3-1}.

25 Stuart E. Strand und Gregory Benford, »Ocean Sequestration of Crop Residue Carbon: Recycling Fossil Fuel Carbon Back to Deep Sediments«, in: *Evironmental Science and Technologie* 43 (1009), S. 1000-1007.

26 Zeng, »Carbon Sequestration Via Wood Burial«.

27 Jessica Strefler et al., »Potential and Costs of Carbon Dioxide Removal by Enhanced Weathering of Rocks«, in: *Environmental Research Letters* (5. März 2018); online verfügbar unter: {https://dx.doi.org/10.1088/1748-9326/aaa9c4}.

28 Olúfémi O. Taíwò, »Climate Colonialism and Large-Scale Land Acquisitions«, C2G (2. September 2019); online verfügbar unter: {https://www.c2g2.net/climate-colonialism-and-large-scale-land-acquisitions/}.

Kapitel 7

1 Clive Oppenheimer, *Eruptions that Shook the World*, New York 2011, S. 299.

2 Ebd., S. 310.

3 Die Schilderung des Radscha von Sanggar ist zit. n. ebd., S. 299.

4 Diese Schilderung vom Kapitän eines Schiffes der East India Company ist zit. n. Gillen D'Arcy Wood, *Tambora: The Eruption that Changed the World*, Princeton 2014; dt.: *Vulkanwinter 1816: Die Welt im Schatten des Tambora*, Darmstadt 2015, S. 35.

5 South Dakota State University, »Undocumented Volcano Contributed to Extremely Cold Decade from 1810-1819«, in: *Science Daily* (7. Dezember 2009); online verfügbar unter: {https://sciencedaily.com/releases/2009/12/091205105844.htm}.

6 George Gordon Byron, *Dichtungen von Byron*, Stuttgart 1836, S. 78.

7 Carl von Clausewitz, *Politische Schriften und Briefe*, München 1921, S. 190.

8 William K. Klingaman und Nicholas P. Klingaman, *The Year Without Summer: 1816 and the Volcano That Darkened the World and Changes History*, New York 2013, S. 46.

9 Wood, *Vulkanwinter 1816*, S. 281.

10 Zit. n. Klingaman/Klingaman, *The Year Without Summer*, S. 64.

11 Zit. n. Oppenheimer, *Eruptions that Shook the World*, S. 312.

12 James Rodger Fleming, *Fixing the Sky: The Checkered History of Weather and Climate Control*, New York 2010, S. 2.

13 Diese Einschätzung stammt von Tim Flannery, zit. n. Mark White, »The Crazy Climate Technofix«, Special Broadcasting Service (27. Mai 2016); online verfügbar unter: {https://www.sbs.com.au/topics/science/earth/feature/geoengineering-the-crazy-climate-technofix}.

14 Holly Jean Buck, *After Geoengineering: Climate Tragedy, Repair, and Restoration*, London 2019, S. 3.

15 Dave Levitan, »Geoengineering Is Inevitable«, in: *Gizmodo* (9. Oktober 2018); online verfügbar unter: {https://earther.gizmodo.com/geoengineering-is-inevitable-1829623031}.

16 »Global Effects of Mount Pinatubo«, NASA Earth Observatory (15. Juni 2001); online verfügbar unter: {https://earthobservatory.nasa.gov/images/1510/global-effects-of-mount-pinatubo}.

17 William B. Grant et al., »Aerosol-Associated Changes in Tropical Stratospheric Ozone Following the Eruption of Mount Pinatubo«, in: *Journal of Geophysical Research* 99 (1994), S. 8197-8211.

18 President's Science Advisory Committee, *Restoring the Quality of Our Environment: Report of the Environmental Pollution Panel*, Washington, D.C., The White House, 1965, S. 126.

19 Ebd., S. 123.

20 Ebd., S. 127.

21 Hugh E. Willoughby et al., »Project STORMFURY: A Scientific Chronicle 1962-1983«, in: *Bulletin of the American Meteorological Society* 66 (1985), S. 505-514.

22 Fleming, *Fixing the Sky*, S. 180.

23 National Research Council, *Weather & Climate Modification: Problems and Progress*, Washington, D.C., 1973, S. 9.

24 Zit. n. Fleming, *Fixing the Sky*, S. 202.

25 Nikolai Rusin und Liya Flit, *Man Versus Climate*, Moskau 1962, S. 61ff.

26 Ebd., S. 174.

27 David W. Keith, »Geoengineering the Climate: History and Prospect«, in: *Annual Review of Energy and the Environment* 25 (2000), S. 245-284.

28 Michail Budyko, *Climatic Changes*, Baltimore 1977, S. 241.

29 Giuseppe Tomasi di Lampedusa, *Il Gattopardo*, Mailand 1958; dt.: *Der Leopard*, München 2019, S. 36.

30 Budyko, *Climatic Changes*, S. 236.

31 Joe Nocera, »Chemo for the Planet«, in: *The New York Times* (19. Mai 2015), A25.

32 David Keith, Brief an den Herausgeber, in: *The New York Times* (27. Mai 2015), A22.

33 David Keith, *A Case for Climate Engineering*, Cambridge, Mass., 2013, S. XIII.

34 Wake Smith und Gernot Wagner, »Stratospheric Aerosol Injection Tactics and Costs in the First 15 Years of Deployment«, in: *Environmental Research Letters* 13 (2018); online verfügbar unter: {https://doi.org/10.1088/1748-9326/aae98d}.

35 Die weltweiten Subventionen für fossile Brennstoffe beliefen sich laut Schätzungen 2017 auf insgesamt 5,2 Billiarden US-Dollar, siehe David Coady et al., »Global Fossil Fuel Subsidies Remain Large: An Update Based on Country-Level Estimates«, IMF Working Paper Nr. 19/89 (2. Mai 2019); online verfügbar unter: {https://www.imf.org/en/Publications/WP/Issues/2019/05/02/Global-Fossil-Fuel-Subsidies-Remain-Large-An-Update-Based-on-Country-Level-Estimates-46509}.

36 Smith and Wagner, »Stratospheric Aerosol Injection Tactics and Costs«.

37 Ebd.

38 Ben Kravitz, Douglas G. MacMartin und Ken Caldeira, »Geoengineering: Whiter Skies?«, in: *Geophysical Research Letters* 39 (2012); online verfügbar unter: {https://doi.org/10.1029/2012GL051652}.

39 Alan Robock, »Benefits and Risks of Stratospheric Solar Radiation Management for Climate Intervention (Geoengineering)«, in: *The Bridge* (Frühjahr 2020), S. 59-67.

40 Dan Schrag, »Geobiology of the Anthropocene«, in: Andrew H. Knoll, Donald E. Canfield und Kurt O. Konhauser (Hg.), *Fundamentals of Geobiology*, Oxford 2012, S. 434.

Kapitel 8

1 Zit. n. Erik D. Weiss, »Cold War Under the Ice: The Army's Bid for a Long-Range Nuclear Role, 1959-1963«, in: *Journal of Cold War Studies* 3 (2001), S. 31-58.

2 *The Story of Camp Century: The City Under Ice*, Film der U.S. Army, 1963, digitalisierte Version 2012.

3 Ronald E. Doel, Kristine C. Harper und Matthias Heymann, »Exploring Greenland's Secrets: Science, Technology, Diplomacy, and Cold War Planning in Global Contexts«, in: dies., *Exploring Greenland: Cold War Science and Technology on Ice*, New York 2016, S. 16.

4 Kristian H. Nielsen, Henry Nielsen und Janet Martin-Nielsen, »City Under the Ice: The Closed World of Camp Century in Cold War Culture«, in: *Science as Culture* 23 (2014), S. 443-464.

5 Willi Dansgaard, *Frozen Annals: Greenland Ice Cap Research*, Odder 2004, S. 49.

6 Jon Gertner, *The Ice at the End of the World: An Epic Journey Into Greenland's Buried Past and Our Perilous Future*, New York 2019, S. 202.

7 Dansgaard, *Frozen Annals*, S. 55.

8 Willi Dansgaard et al., »One Thousand Centuries of Climatic Record from Camp Century on the Greenland Ice Sheet«, in: *Science* 166 (1969), S. 377-380.

9 Richard B. Alley, *The Two-Mile Time Machine: Ice Cores, Abrupt Climate Change, and Our Future*, Princeton 2000, S. 120.

10 Alley, *The Two-Mile Time Machine*, S. 114.

11 Diese Zahlen stammen von Konrad Steffen, der tragischerweise bei einem Unfall auf dem Eisschild ums Leben kam, als dieses Buch gerade in Druck ging; zit. n. Gertner, »In Greenland's Melting Ice. A Warning on Hard Climate Choices«, in: *e360* (27. Juni 2019); online verfügbar unter: {https://e360.yale.edu/features/in-greenlands-melting-ice-a-warning-on-hard-climate-choices}.

12 Andrew Shepherd et al., »Mass Balance of the Greenland Ice Sheet from 1992 to 2018«, in: *Nature* 579 (2020), S. 233-239.

13 Marco Tedesco und Xavier Fettweis, »Unprecedented Atmospheric Conditions (1948-2019) Drive the 2019 Exceptional Melting Season over the Greenland Ice Sheet«, in: *The Cryosphere* 14 (2020), S. 1209-1223.

14 Ingo Sasgen et al., »Return to Rapid Ice Loss in Greenland and Record Loss in 2019 Detected by GRACE-FO Satellites«, in: *Communications Earth & Environment* 1 (2020); online verfügbar unter: {https://doi.org/10.1038/s43247-020-0010-1}.

15 Eystein Jansen et al., »Past Perspectives on the Present Era of Abrupt Arctic Climate Change«, in: *Nature Climate Change* 10 (2020), S. 714-721.

16 Peter Dockrill, »U. S. Army Weighs Up Proposal For Gigantic Sea Wall to Defend N. Y. from Future Floods«, in: *ScienceAlert* (20. Januar 2020); online verfügbar unter: {https://sciencealert.com/storm-brewing-over-giant-6-mile-sea-wall-to-defend-new-york-from-future-floods}.

17 John C. Moore et al., »Geoengineer Polar Glaciers to Slow Sea-Level Rise«, in: *Nature* 555 (2018), S. 303 ff.

18 Andy Parker, zit. n. Brian Kahn, »No, We Shoudn't Just Block Out the Sun«, in: *Gizmodo* (24. April 2020); online verfügbar unter: {https://earther.gizmo do.com/no-we-shouldnt-just-block-out-the-sun-1843043812}; Auslassung des Schimpfwortes wurde von mir rückgängig gemacht.

Bildnachweise

S. 20, 21, 31, 45, 114, 137, 141, 146, 179, 187, 209: MGMT. design

S. 35: © Ryan Hagerty, U. S. Fish and Wildlife Service

S. 51: © Drew Angerer/Getty Images

S. 57: The Historic New Orleans Collection, 1974.25.11.2

S. 71: © Danita Delimont/Alamy Stock Photo

S. 82: National Park Service Photo by Brett Seymour/Submerged Resources Center

S. 85: MGMT. design, adaptiert aus Alan C. Riggs und James E. Deacon, »Connectivity in Desert Aquatic Ecosystems: The Devils Hole Story«

S. 92, 93: Phil Pister, California Department of Fish and Wildlife and Desert Fishes Council, Bishop, CA.

S. 111: Zuerst veröffentlicht in Charles Darwin, *Animals and Plants Under Domestication,* Bd. 1

S. 118: © Wilfredo Licuanan, courtesy of Corals of the World, coralsoftheworld. org.

S. 127: © James Craggs, Horniman Museum and Gardens

S. 139: Arthur Mostead Photography, AMPhotography.com.au

S. 162: Courtesy of U. S. Department of Energy/Pacific Northwest National Laboratory

S. 171: MGMT. design, adaptiert von Zeke Hausfather, basierend auf Daten aus *Global Warming of 1.5 °C: An IPCC Special Report.*

S. 173: MGMT. design, adaptiert von *Global Warming of 1.5 °C: An IPCC Special Report,* figure 2.5.

S. 183: © Iwan Setiyawan/AP Photo/KOMPAS Images

S. 191: 174 Courtesy of soviet-art.ru.

S. 194: MGMT. design, adaptiert von David Keith

S. 206: Pictorial Parade/Archive Photos/Getty Images

S. 207: US Army/Pictorial Parade/Archive Photos/Getty Images

S. 212: MGMT. design, adaptiert aus Kurt M. Cuffey und Gary D. Clow, »Temperature, Accumulation, and Ice Sheet Elevation in Central Greenland Through the Last Deglacial Transition«, in: *Journal of Geophysical Research* 102 (1997).5